PRODROME

DE LA

FLORE ALGOLOGIQUE DES INDES NEÉRLANDAISES.

SUPPLÉMENT ET TABLEAUX STATISTIQUES.

PRODROME

DE LA

FLORE ALGOLOGIQUE

DES INDES NÉERLANDAISES

(INDES NÉERLANDAISES ET PARTIES DES TERRITOIRES DE BORNÉO
ET DE LA PAPUASIE NON HOLLANDAISES)

SUPPLEMENT ET TABLEAUX STATISTIQUES

PAR

É. DE WILDEMAN

DOCTEUR EN SCIENCES NATURELLES,

AIDE-NATURALISTE AU JARDIN BOTANIQUE DE BRUXELLES,

SECRÉTAIRE DE LA SOCIÉTÉ BELGE DE MICROSCOPIE.

Publié par le Jardin botanique de Buitenzorg.

BATAVIA
IMPRIMERIE DE L'ÉTAT
1899.

INTRODUCTION.

Dans les quelques mots d'introduction à notre Prodrome de la Flore
Algologique des Indes Néerlandaises, que M. le Dr. M. Treub, directeur
du Jardin botanique de Buitenzorg à bien voulu faire publier en 1897,
nous disions avoir arrêté le relevé des Algues signalées dans cette partie
de la Malaisie à la fin de 1895. A cette époque avait été imprimé le
premier fascicule d'un mémoire important (il porte la date de 1894) de
M. Cleve, sur les Diatomacées naviculoides, dans lequel se trouvent cités
un grand nombre de renseignements nouveaux pour les Indes, mais
malheureusement le mémoire cité n'est parvenu en Belgique qu'à la fin
de 1896, époque a laquelle notre manuscrit était déjà en grande partie
imprimé. Le deuxième fascicule du travail ne parvint en Belgique qu'en
1898. Il ne pouvait donc être question d'intercaler dans notre premier
travail les données de M. Cleve, ce qui a rendu le Prodrome très
incomplet.

Nous nous sommes donc proposés de publier ce supplément pour
combler cette lacune; mais outres les renseignements extraits des deux
parties du mémoire de M. Cleve, nous avons tenu compte des données
de l'Atlas de M. Schmidt, de celles des travaux de M. Schmidle et enfin
des résultats des recherches faites sur les matériaux récoltés a Java par
M. M. G. Clautriau, J. Massart et O. Penzig.

Nous avons, naturellement, suivi dans la rédaction de ce Supplément
l'ordre que nous avons adopté dans le Prodrome lui-même; mais nous
avons numéroté, dans la marge droite, uniquement les espèces non
signalées dans notre premier travail. Les Cyanophycées, Chlorophycées
et Floridées sont seules représentées dans ce supplément. Nous avons
repris un très grand nombre d'espèces déjà signaleés antérieurement et

pour lesquelles il n'y avait pas d'indication de nouvelles localités, car nous avons pensé qu'il pouvait être très utile de compléter les citations et de donner une très large part aux renseignements bibliographiques.

Nous avons à notre grand regret été amenés à créer plusieurs noms nouveaux pour des Diatomées. Le travail de M. Cleve, que nous avons du dépouiller, renferme des données des plus intéressantes sur la manière de classer les différentes formes de Diatomées naviculoides, malheureusement au point de vue de la nomenclature, le travail ne présente pas d'unité. Nous ne pouvions suivre les idées de M. Cleve, car cela nous aurait amené à faire peut-être plus de remaniements encore, nous ne serions d'ailleurs pas parvenus à intercaler dans les divers genres créés par M. Cleve bien des espèces des auteurs antérieurs. En outre M. Cleve n'indique pas toujours clairement si les noms qu'il propose sont des noms génériques, ou simplement des noms de sous-genres; tantôt il emploie l'initiale du nouveau nom. tantôt celle de l'ancien nom *Navicula*. Dans la systématique actuelle, il devient de toute importance, que les indications nominales soient le plus claires possibles; nous avons employé dans l'exposé suivant la notation adoptée par les botanistes de Berlin. Il nous parait de toute nécessité non seulement que tout transfert d'éspèce d'un genre dans un autre soit signé par l'auteur qui le fait, mais aussi que le nom du premier auteur ayant créé le nom spécifique de l'organisme soit conservé et placé, entre parenthèses, immédiatement à la suite du nom spécifique.

Le nombre des espèces, nouvelles pour les Indes, citées dans ce supplement est de 277; elles se repartissent comme suit:

Cyanophycées 21
Chlorophycées 254
Rhodophycées 2

                                  Total 277

Quant aux genres nouveaux, nous trouvons:

Cyanophycées 1
Chlorophycées 22

                                  Total 23

Le tableau que nous présentions dans le Prodrome et qui résumait l'état de nos connaissances sur la Flore des Indes, sera donc à modifier; il deviendra :

	Genres.	Espèces.
Cyanophycéés.........................	29	90
Chlorophycées.........................	223	1345
Phaeophycées.........................	19	78
Rhodophycées.........................	48	115
Totaux...............	319	1628

Comme nous le faisions remarquer dans l'introduction de notre premier travail, les Diatomées étaient en très grand nombre dans le domaine, il en est encore de même pour le Supplément puisque sur les 254 Chlorophycées nouvelles 177 se rapportent au groupe des Diatomées. Grâce surtout aux récoltes de M. Massart le nombre des espèces de Chlorophycées d'eau douce s'est considérablement elevé; de 206 espèces que nous signalions antérieurement le chiffre est porté à 283.

Nous avons à ce supplément ajouté deux tableaux, qui seront je pense utiles à tous ceux qui s'intéressent à la connaissance de la dispersion des Algues.

Qu'il nous soit permis en terminant, d'adresser des remerciements à tous ceux qui nous ont aidés, à Messieurs Clautriau, Massart, Penzig et Van Heurck. Nos remerciements s'adressent en outre tout spécialement à M. le D^r. Treub pour l'amabilité qu'il a eu de nous permettre de publier ce travail, qui contribuera peut-être à stimuler les recherches algologiques dans les Indes Néerlandaises.

Bruxelles, Mai 1898.

CYANOPHYCEAE.

RIVULARIA *Ag.* (1824).

1. **R. aquatica** *De Wild.* in Ann. Jard. bot. Buitenzorg Suppl. I   1.
    p. 40.
    Tjomas (*J. Massart*).

CALOTHRIX *Ag.* (1824).

1. **C. javanica** *De Wild.* in Ann. Jard. bot. Buitenzorg Suppl. I   2.
    p. 41 pl. XXII fig. 6—13.
    Jardin botanique de Buitenzorg (*J. Massart*).

STIGONEMA *Ag.* (1824).

1. **S. hormoides** (*Kütz.*) *Born.* et *Flah.* Rév. nost. hétér. II p. 68;   3.
    De Wild. in Ann. Jard. bot. Buitenzorg Suppl. I p. 49 pl. XVII
    fig. 1—2.
         Scytonema hormoides *Kütz.* Phycol. gener. p. 215.
    Lebak-Saät (*J. Massart*).
2. **S. irregulare** *De Wild.* in Ann. Jard. bot. Buitenzorg Suppl. I   4.
    p. 48 pl. XXIII fig. 1—8.
    Jardin botanique de Buitenzorg (*J. Massart*).
3. **S. minutum** *Hass.* Hist. of Brit. freshw. Alg. p. 230 t. 67   5.
    fig. III—IV; *De Wild.* in Ann. Jard. bot. de Buitenzorg
    Suppl. I. p. 49.
    Java (*J. Massart*).
4. **S. panniforme**)*Ag.*) *Born.* et *Flah.* Rev. nost. hétér. III p. 71.   6.
    —— var. **javanicum** *De Wild.* in Ann. Jardin bot. de Buiten-
    zorg Suppl. I. p. 47 pl. X. fig. 1—10.
    Jardin botanique de Buitenzorg (*J. Massart*).

2

SCYTONEMA *Ag.* (1824).

1. **S. dubium** *De Wild.* in Ann. Jard. bot. de Buitenzorg. Suppl. I
p. 43 pl. XX fig. 7—10.
Jardin botanique de Buitenzorg (*J. Massart*).

2. **S. foliicolum** *De Wild.* in Ann. Jard. bot. de Buitenzorg.
Suppl. I. p. 44 pl. IX fig. 8—10.
Tjiapoes (*J. Massart*).

3. **S. guyanense** (*Mont.*) *Born.* et *Flah.* Rev. nost. hétér. III. p. 94;
De Wild. in Ann. Jardin bot. Buitenzorg. Suppl. I p. 45.
Symphyosiphon guyanensis *Mont.* in Ann. sc. nat. ser. 4 t. XII (1859)
p. 171.
Tjibodas (*Massart*).

4. **S. Hofmanni** *Ag.* Syn. Alg. Suec.;
De Wild. in Ann. Jard. bot. de Buitenzorg. Suppl. I p. 45.
Kampong Mantarena, Kampong Kodja, Jardin botanique de
Buitenzorg (*J. Massart*).

5. **S. crustaceum** *Ag.* Syst. Alg. p. 59.
——— var. **incrustans** (*Kütz.*) *Born.* et *Flah.* Rev. nost. Hétér. II
p. 107.
Jardin botanique de Buitenzorg (*O. Penzig*).

6. **S. intermedium** *De Wild.* in Ann. Jardin. bot. de Buitenzorg
p. 45 pl. IX fig. 8—10.
Tjiapoes, Tjibodas, Lebak Saät (*J. Massart*).

7. **S. javanicum** *Born.*; *De Wild.* Prodr. p. 2; *De Wild.* in Ann.
Jard. bot. Buitenzorg. Suppl. I p. 46.
Goenoeng Tjibodas, Tjampea, Tjiapoes, Tjibodas, Jardin botanique
de Buitenzorg (*J. Massart*).

8. **S. ocellatum** *Lyngb.* Hydrophyt. Dan. p. 97 t. 28 A; *De Wild.*
in Ann. Jardin bot. de Buitenzorg. Suppl. I p. 47 et Prodr. p. 2.
Batoe-Toelis, pierres chaudes de Tjipanas (*J. Massart*).

9. **S. symplocoides** (*Reinsch*) *Hieronymus* ex *De Wild.* in Ann.
Jardin bot. de Buitenzorg p. 46.
Calothrix symplocoides *Reinsch.* De spec. gener. novis Alg. et Fung, p. 3.
Tjibodas (*J. Massart*).

3

TOLYPOTHRIX *Kütz.* (1843).

1. **T. tjipanasensis** *De Wild.* in Ann. Jard. bot. de Buitenzorg.   14.
Suppl. I p. 34 pl. XIV fig. 1—17.
Sources chaudes de Tjipanas (*J. Massart*).

ANABAENA *Bory* (1822).

1. **A. flos-aquae** *Bréb.* in *Bréb.* et *Godey* Alg. eur. Falaise p. 36;   15.
De Wild. in Ann. Jard. bot. Buitenzorg. Suppl. I. p. 50.
Passir-Wangi (*J. Massart*).
2. **A. oblonga** *De Wild.* in Ann. Jard. bot. Buitenzorg. Suppl. I p. 50.   16.
Tjikeumeuh (*J. Massart*).
3. **A. sphaerica** *Born.* et *Flah.* Rev. nost. hétér. IV. p. 288.
—— var. **javanensis** *De Wild.* in Ann. Jard. bot. Buitenzorg
p. 51 pl. VIII fig. 14—16.
Tjiomas (*J. Massart*).

SCHIZOTHRIX *Kütz.* (1843).

1. **S. calida** *De Wild.* in Ann. Jard. bot. de Buitenzorg. Suppl. I   17.
p. 36, pl. XXII fig. 1—5.
Sources chaudes de Tjipanas (*J. Massart*).

PORPHYROSIPHON *Kütz.* (1850—1852).

1. **P. Notarisii** *Kütz.* Tab. Phycol. II p. 7 t. 27 fig. 1.   18.
Scytonema coloratum *De Wild.* in Ann. Jardin botanique Buitenzorg.
Suppl. I p. 42 p.p. pl. XVI fig. 9.
Jardin botanique de Buitenzorg (*J. Massart*).

PHORMIDIUM *Kütz.* (1843).

1. **P. laminosum** *Gomont.* in Journ. de bot. IV (1890) p. 555;   19.
De Wild. in Ann. Jard. bot. de Buitenzorg Suppl. I p. 87.
Tjipanas (*J. Massart*).

TRICHODERMIUM *Ehrenb.* (1830).

1. **T. Hillebrandtii** *Gomont.* Monogr. Oscill. p. 217 pl. VI fig. 1;   20.
De Wild. in Ann. Jard. bot. de Buitenzorg Suppl. I p. 39.
Entre Indramajoe et Samarang (*Massart*).

4

OSCILLATORIA *Vauch.* (1805).

1. **O. labyrinthiformis** *Ag.* Syst. Alg. p. 60; *Zollinger* Syst. Verzeichn.   21.
   Ind. Arch. ges. Pflanzen p. 1; cf. *Gomont.* Monogr. Oscillariées
   p. 258.
   Salak, Kuripan (*Zollinger*).
2. **O. princeps** *Vauch.; Gomont.* Monog. Oscill. p. 226; *De Wild.*
   in Ann. Jard. bot. de Buitenzorg Suppl. I p. 38; *De Wild.*
   Prodr. p. 9.
   Entre Poentjak et Sindanglaia, Jardin de botanique de Buiten-
   zorg (*J. Massart*).

CHAMAESIPHON *Br.* et *Grun.* (1864).

1. **C. confervicola** *A. Br.; De Wild.* Prodr. p. 10; *De Wild.* in   22.
   Ann. Jard. bot. Buitenzorg Suppl. I p. 34.
   Jardin botanique de Buitenzorg (*J. Massart*).

COELOSPHAERIUM *Näg.* (1849).

1. **C. Kützingianum** *Näg.* Einz. Alg. p. 54 t. 1 c; *De Wild.* in Ann.   23.
   Jard. bot. Buitenzorg Suppl. I p. 34.
   Tjiomas (*J. Massart*).

CHLOROPHYCEAE.

EUGLENA *Ehrenb.*

1. **E. deses** *Ehrenb.* Inf. Volk. Organis. p. 107 pl. VII fig. 8;   1.
   De Wild. in Ann. Jard. bot. Buitenzorg Suppl. I. p. 81.
   Jardin botanique de Buitenzorg (*J. Massart*).

2. **E. sanguinea** *Ehrenb.* loc. cit. p. 105 pl. VII fig. 6; *De Wild.*   2.
   in Ann. Jardin bot. Buitenzorg Suppl. I p. 81.
   Passir-Wangi (*J. Massart*).

PHACUS *Ehrenb.*

1. **P. pleurenectes** (*O. F. Müller*) *Nitsch.*; *De Wild.* in Ann. Jardin   3.
   bot. Buitenzorg Suppl. I p. 80.
   Kali-Bata (*J. Massart*).

TRACHELOMONAS *Ehrenb.*

1. **T. granulata** *Ehrenb.* Mikrogeol. p. 156 et p. 158.   4.
   Bornéo (Hupe), Singanlaran (Java) (*Ehrenb.*).

2. **T. laevis** *Ehrenb.* Mikrogeol. p. 158.   5.
   Di-Eng (Java) (*Ehrenb.*).

COLEOCHAETE *Bréb.* (1844).

1. **C. javanica** *De Wild.* in Ann. Jard. bot. de Buitenzorg Suppl. I   6.
   p. 55 pl. IV fig. 1—4.
   Kampong Pandjassam (*J. Massart*).

BULBOCHAETE *Ag.* (1817).

1. **B. gracilis** *Pringsh.* Beitr. p. 74 t. 6 fig. 9; *De Toni* Syll. Alg. I   7.
   p. 30; *De Wild.* in Ann. Jard. bot. de Buitenzorg Suppl. I p. 54.
   Kampong Pandjassam (*J. Massart*).

2. **B. intermedia** *De Bary* Oedog. p. 72 t. 4 fig. 1—7; *De Toni* Syll. 8.
Alg. I. p. 17; *De Wild.* in Ann. Jard. bot. Buitenzorg Suppl. I p. 54.
Kampong Kali-Bata (*J. Massart*).

ENTEROMORPHA *Link* (1820).

1. **E. Linza** (*L.*) *J. Ag.* Till. Alg. Syst. VI p. 134 t. 4 fig. 110—112; 9.
De Toni Syll. Alg. I p. 124.
> Phycoseris crispata *Kütz.* Spec. p. 476; *Zollinger* Syst. Verzeichn.
> Ind. Arch. Ges. Pflanzen p. 2.

Bima (Sumbawa) (*Zollinger*).

2. **E. prolifera** (*Müll.*) *J. Ag.* Till. Algem. Syst. VI p. 129 t. 4 10.
fig. 103—104; *De Toni* Syll. Alg. I p. 122; *De Wild.* in Ann.
Jard. bot. Buitenzorg Suppl. I p. 54.
Env. de Batavia (*J. Massart*).

CHAETOSPHAERIDIUM *Klebahn* (1893).

1. **C. Pringsheimii** *Klebahn* Jahrb. f. wiss. Bot. XXIV p. 276. 11.
—— f. **conferta** *Klebahn* in Jahrb. f. wiss. Bot. Bd. XXV p. 307
pl. XIV fig. 11; *De Wild.* in Ann. Jard. bot. Buitenzorg
Suppl. I p. 73.
Kampong Kali-Bata (*J. Massart*).

CHAETOPHORA *Schrank* (1789).

1. **C. tuberculosa** *Hook.* in *Ag.* Syst. Alg. p. 17; *De Toni* Syll. 12.
Alg. I p. 184; *De Wild.* in Ann. Jard. bot. Buitenzorg
Suppl. I p. 73.
Jardin botanique de Buitenzorg (*J. Massart*).

STIGEOCLONIUM *Kütz.* (1843).

1. **S. spicatum** *Schmidle*; *De Wild.* Prodr. g. 13; *De Wild.* in
Ann. Jard. bot. Buitenzorg Suppl. I p. 73 pl. XX fig. 1—6.
Entre Tjibodas et Tjipanas (*J. Massart*).

HERPOSTEIRON *Näg.* (1847).

I. **H. Braunnii** *Näg.* et *Huber* in Ann. sc. nat. sér. 7 t. 16 p. 287; 13.
De *Wild.* in Ann. Jard. bot. de Buitenzorg Suppl. I p. 72.
Jardin botanique de Buitenzorg, entre Poentjak et Sindanglaia
(*J. Massart*).

ENDODERMA *Lagerh.* (1883).

I. **E. viride** (*Reinke*) *De Toni* Syll. Alg. I p. 209; *De Wild.* in
Ann. Jard. bot. Buitenzorg Suppl. I p. 73; *De Wild.* Prodr.
p. 14.
Env. de Batavia (*J. Massart*).

TRENTEPOHLIA *Martius* (1817).

I. **T. abietina** (*Ftot.*) *Hansq.*; *De Wild.* Prodr. p. 15.
— — f. **crassisepta** (*Karst.*) *Hariot* in Journ. de bot. VI (1892)
p. 115.
Jardin botanique de Buitenzorg, Kampong Baranantiang
(*J. Massart*).
— — var. **minor** *De Wild.* in Ann. Jard. bot. de Buitenzorg
p. 54 pl. XV fig. 19—24.
Jardin botanique de Buitenzorg (*J. Massart*).

2. **T. arborum** (*Ag.*) *Hariot* in Journ. de bot. III (1889) p. 383;
De Wild. in Ann. Jard. bot. Buitenzorg. Suppl I p. 56;
De Wild. Prodr. p. 15.
Jardin botanique de Buitenzorg, forêt de Tjibodas (*J. Massart*).

3. **T. aurea** (*L.*). *Martius* Fl. crypt. Erlang. p. 551.
— — var. **polycarpa** *Hariot* in Journ. de Bot. III (1889) p. 574;
De Wild. in Ann. Jard. bot. de Buitenzorg. Suppl. I p. 57.
Entre Tjibodas et Tjipanas, Jardin botanique de Buitenzorg,
Tjikeumeuh, Buitenzorg, Kali-Bata, Kawah-Manoek (*J. Massart*).

4. **T. bogoriensis** *De Wild.* in Ann. Jard. bot. de Buitenzorg.
Suppl. I. p. 58 pl. XI fig. 1—12.
Jardin botanique de Buitenzorg (*J. Massart*).

5. **T. Bossei** *De Wild.* in Ann. Jard. bot. de Buitenzorg t. IX (1891)
p. 136 pl. II fig. 4—13 et in Ann. Jard. bot. Buitenzorg Suppl. I
p. 58 pl. VII fig. 21—24 et XIII fig. 17; *De Wild.* Prodr. p. 15.
Jardin botanique de Buitenzorg, Kali-Bata (*J. Massart*).

6. **T. cucullata** *De Wild.* in Ann. Jard. bot. de Buitenzorg   15.
Suppl. I p. 59 pl. XII fig. 1—20.
Jardin botanique de Buitenzorg (*J. Massart*).

7. **T. cyanea** *Karst.*; *De Wild.* Prodr. p. 15; *De Wild.* in Ann.
Jard. bot. Buitenzorg Suppl. I p. 60 pl. XVI fig. 1—7;
Schmidle in Flora (1897) p. 312 fig. B 4—9.
Tjibodas, Poentjak (*J. Massart*), Sattelberg (Nouvelle Guinée)
(*Lauterbach*).

8. **T. dialepta** (*Nyl.*); *Hariot* in Journ de Bot. III (1889) p. 386;   16.
De Wild. in Ann. Jard. bot. Buitenzorg Suppl. I p. 62;
Schmidle in Flora (1897) p. 306 fig. A 7—11.
Tjibodas (*J. Massart*); Butaueng, Sattelberg, Gogol-Oberlauf
(Nouvelle-Guinée) (*Lauterbach*).

9. **T. diffusa** *De Wild.* in Bull. Soc. roy. de Bot. Belg. t. XXVII   17.
p. 182; *De Toni* Syll. Alg. I p. 240; *De Wild.* in Ann. Jard.
bot. Buitenzorg Suppl. I p. 64 pl. XIV fig. 18—20.
> T. pinnata *Schmidle* in Flora (1897) p. 310 fig. B 1—3; cf. *De Wild.*
> in Ann. Soc. Belge de microscopie t. XXI p. 100.

Gorges du Tjiapoes (*J. Massart*); Gogol-Oberlauf (Nouvelle-
Guinée) (*Lauterbach*).

10. **T. ellipsicarpa** *Schmidle* in Flora (1897) p. 308 fig. A 12—17.   18.
Gogol-Mittellauf (Nouvelle-Guinée) (*Lauterbach*).

11. **T. effusa** (*Krempelh.*) *Hariot* in Journ. de Bot. IV (1890) p. 93;   19.
De Wild. in Ann. Jard. bot. Buitenzorg Suppl. I p. 62 pl. X
fig. 11—18, IX fig. 5—7.
Jardin botanique de Buitenzorg, Tjibodas (*J. Massart*).

12. **T. Jolithus** (*L.*) *Wallr.* Comp. Fl. Germ. IV p. 151; *De Toni*   20.
Syll. Alg. I p. 243; *De Wild.* in Ann. Jard. bot. Buitenzorg
Suppl. I p. 65.
Pangerango (*J. Massart*).

13. **T. Leprieurii** *Hariot* in Journ. de Bot. (1890) p. 53 fig. 21;   21.
Schmidle in Flora (1697) p. 314.
Butaney (Nouvelle-Guinée) (*Lauterbach*).

14. **T. luteo-fusca** *De Wild.* in Ann. Jard. bot. Buitenzorg t. IX
(1891) p. 134 pl. II fig. 4—13 et in Ann. Jard. bot. Suppl. I
p. 65 pl. X fig. 1—18 et Prodr. p. 16.
Goenoeng Tjibodas, Tjampea, Tjikeumeuh (*J. Massart*).

15. **T. minima** *Schmidle* in Flora (1897) p. 317—321.   22.
Nouvelle-Guinée (*Lauterbach*).

16. **T. monilia** *De Wild.* in Bull. Soc. roy. de Bot. de Belg. t. XXVII
(1888) part. 2 p. 181; *De Wild.* in Ann. Jard. bot. Buitenzorg
Suppl. I p. 67; *De Wild.* Prodr. p. 16.
Jardin bot. de Buitenzorg (*J. Massart*).

17. **T. odorata** (*Wigg.*) *Wittr.*; *De Wild.* Prodr. p. 16;
De Wild. in Ann. Jard. bot. Buitenzorg Suppl. I p. 68.
Jardin botanique de Buitenzorg (*J. Massart*).

18. **T. prolifera** *De Wild.* in Ann. Jard. bot. de Buitenzorg Suppl. I   23.
p. 69 pl. XIII fig. 1—6.
Lebak-Saät (*J. Massart*).

19. **T. prostrata** *De Wild.* in Ann. Jard. bot. Buitenzorg Suppl. I   24.
p. 69 pl. XVII fig. 3—5.
Jardin botanique de Buitenzorg, Kali-Bata (*J. Massart*).

20. **T. torulosa** *De Wild.* in Bull. Soc. roy. de Bot. de Belg.
t. XXVII (1888) part. 2 p. 181 et in Ann. Jard. bot. Buitenzorg
Suppl. I p. 71; *De Wild.* Prodr. p. 16.
Lebak-Saät (*J. Massart*).

21. **T. Treubiana** *De Wild.* in Ann. Jard. bot. Buitenzorg Suppl. I   25.
p. 70 pl. XI fig. 1—12.
Jardin botanique de Buitenzorg, Buitenzorg, Tjikeumeuh(*J.Massart*).

CEPHALEOROS *Kunze* (1827).

1. **C. virescens** *Kunze* (1827); *Hariot* in Journ. de Bot. 1889;
De Wild. in Ann. Jard. bot. Buitenzorg Suppl. I p. 72;
De Wild. Prodr. p. 17.

Tjibodas, Jardin botanique de Buitenzorg, Kali-Bata (*J. Massart*).

PHYCOPELTIS *Mill.* (1870).

1. **P. Treubii** *Karst.*; *De Wild.* Prodr. p. 17.
— — var. **genuina** *Schmidle* in Flora (1897) p. 514 fig. C 6—11.
Ibékippo, Gogol-Mittellauf (*Lauterbach*).
— — var. **expansa** *Schmidle* in Flora (1897) p. 515 fig. C 1—5.
Sattelberg, Butaueng, Gogol-Oberlauf (*Lauterbach*).

CHAETOMORPHA *Kütz.* (1845).

1. **C. antennina** (*Bory*) *Kütz.*; *De Wild.* Prodr. p. 18.
Conferva antennina *Bory*;
Zollinger Syst. Verzeichn. in Ind. Arch. Ges. Pflanzen p. 1
Java (*Zollinger*).
2. **C. crassa** (*Ag.*) *Kütz.*; *De Wild.* Prodr. p. 18.
Conferva crassa *Ag.* Syst. p. 99;
Zollinger Verzeichn. in Ind. Arch. Ges. Pflanzen p. 1.
Entre Tjiringin et Tjirita (Bantam) (*Zollinger*).

CLADOPHORA *Kütz.* (1843).

1. **C. javanica** *Kütz.*; *De Wild.* Prodr. p. 20.
— — f. **minor** *Zoll.* Syst. Verzeichn. in Ind. Arch. Ges.
Pflanzen p. 1.
Bogor (*Zollinger*).

PITHOPHORA *Wittr.* (1877).

1. **P. clarifera** *Schmidle* in Flora (1897) p. 304 fig. A 1—6.   26.
Lugamu (Nouvelle-Guinée) (*Lauterbach*).

VAUCHERIA *DC.* (1803).

1. **V. submarina** *Berk.* Glean, p. 24 t. VIII; *De Wild.* in Ann. Jard.   27.
bot. Buitenzorg Suppl. I p. 74 pl. XIX fig. 1—16.
Vaucheria dichotoma f. marina *Hauck; De Toni* Syll. Alg. I p. 395;
De Wild. Prodr. p. 23.
Perobolingo (*J. Massart*).

CHLORODESMIS *Bail.* et *Harv.* (1858).

1. **C. pachypus** *Kjellm.* in Bot. Notiser (1880) p. 117; *De Toni* 28.
Syll. Alg. I p. 440.
Labuan (Bornéo) (*Kjellm.*).

HALIMEDA *Lamour.* (1842).

1. **H. opuntia** *De Wild.* Prodr. p. 27; *De Toni* Syll. Alg. I p. 522;
De Wild. in Ann. Jard. bot. Buitenzorg Suppl. I p. 76.
Padang (Sumatra) (*J. Massart*).

PANDORINA *Bory* (1824).

1. **P. morum** (*Müll.*) *Bory*; *De Wild.* Prodr. p. 28; *De Toni* Syll.
Alg. I p. 539; *De Wild.* in Ann. Jard. bot. Buitenzorg
Suppl. I p. 76.
Tjomas (*J. Massart*).

GONIUM *Müller* (1873).

1. **G. pectorale** *Müller* Vermium p. 60; *De Toni* Syll. Alg. I p. 541; 29.
De Wild. in Ann. Jard. bot. Buitenzorg Suppl. I p. 76.
Passir-Wangi (*J. Massart*).

HYDRODICTYON *Roth.* (1800).

1. **H. reticulatum** (*L.*) *Lagerh.* Bidr. t. Sver. Algflora p. 71; 30.
De Toni Syll. Alg. I p. 562; *De Wild.* in Ann. Jard. bot.
Buitenzorg Suppl. I p. 77.
Entre Tjibodas et Tjipanas (*J. Massart*).

SCENEDESMUS *Meyen* (1829).

1. **S. opoliensis** *Richter* in Zeitschrift für ang. Mikroskopie Bd. I 31.
p. 3 c. ic; *De Wild.* in Ann. Jardin bot. Buitenzorg Suppl. I p. 77.
Passir-Wangi (*J. Massart*).

2. **S. obliquus** (*Turp.*) *Kütz.* Syn. Diat. p. 609; *De Wild.* in Notarisia 32.
1893 p. 103; *De Wild.* in Ann. Jard. bot. Buitenzorg
Suppl. I p. 78.

Passir-Wangi, Jardin botanique de Buitenzorg, entre Poentjak
et Sindanglaia (*J. Massart*).

3. **S. variabilis** *De Wild.* in Notarisia 1893 p. 99. 35.

— — var. **cornutus** *Franzé*; *De Wild.* loc. cit.; *De Wild.* in
Ann. Jard. bot. Buitenzorg Suppl. I p. 78 (sub. *Sc. obtusus* var.).
Passir Wangi, Kali-Bata, Jardin bot. de Buitenzorg, Tjikeumeuh,
entre Poentjak et Sindanglaia (*J. Massart*).

— — var. **ecornis** *Franzé*; *De Wild.* in Notarisia 1893 p. 99;
De Wild. in Ann. Jardin bot. Buitenzorg Suppl. I p. 78:
De Wild. Prodr. p. 28.
Kampong Pandjassam, Tjikeumeuh (*J. Massart*).

PEDIASTRUM *Meyen* (1829).

1. **P. duplex** *Meyen* Beob. über Algenf. p. 72; *De Toni* Syll. Alg.
I p. 578; *De Wild.* in Ann. Jardin bot. Buitenzorg Suppl. I p. 79.
Entre Poentjak et Sindanglaia, Jardin botanique de Buiten-
zorg (*J. Massart*).

— — var. **reticulatum** *Lagerh.* Pediastr. Protoc. och Palmel.
p. 56 t. 2 fig. 1; *De Toni* Syll. Alg. I p. 580; *De Wild.* in
Ann. Jard. bot. Buitenzorg Suppl. I p. 79.
Passir-Wangi (*J. Massart*).

2. **P. Ehrenbergii** *Br.* Alg. unicell. p. 97 t. 5 H fig. 1—4; 54.
De Toni Syll. Alg. I p. 581; *De Wild.* in Ann. Jard. bot.
Buitenzorg Suppl. I p. 79.
Tjikeumeuh (*J. Massart*).

RAPHIDIUM *Kütz.* (1845).

1. **R. polymorphum** *Fresen.* in Abhandl. Senck. Naturf. Gesell. II 35.
p. 199 t. VIII.

— — var. **aciculare** (*Br.*) *Rabenh.* Fl. Eur. Alg. III p. 45;
De Toni Syll. Alg. I p. 593; *De Wild.* in Ann. Jard. bot.
Buitenzorg Suppl I p. 79.
Tjiomas, Kampong Pandjassam (*J. Massart*).

— — var. **fusiforme** (*Corda*) *Rabenh.* Fl. Eur. Alg. III p. 45;

De Toni Syll. Alg. I p. 593; *De Wild.* in Ann. Jardin bot.
Buitenzorg Suppl. I p. 80.
Tjiomas, Kampong Pandjassan (*J. Massart*).

OPHYOCYTIUM *Näg.* (1849).

I. **O. cochleare** *Br.*; *De Wild.* Prodr. p. 29; *De Toni* Syll. Alg. I
p. 591; *De Wild.* in Ann. Jard. bot. Buitenzorg Suppl. I p. 79.
Tjampea, Tjikeumeuh (*J. Massart*).

TETRAEDRON *Kütz.* (1845).

I. **T. trigonum** (*Näg.*) *Hausg.* in Hedwigia (1888) p. 130.   36.
— — f. **minus** *Reinsch* Algenfl. Frank. t. III fig. 1 *c, d*;
De Toni Syll. Alg. I p. 598; *De Wild.* in Ann. Jardin bot.
Buitenzorg Suppl. I p. 80.
Tjomas (*J. Massart*).

CHARACIUM *Braun* (1849).

I. **C. minutum** *Braun* Alg. unic. p. 46 t. V. F; *De Toni* Syll.   37.
Alg. I p. 625; *De Wild.* in Ann. Jardin botanique Buitenzorg
Suppl. I p. 80
Entre Tjibodas et Tjipanas (*J. Massart*).

TETRASPORIDIUM *Möbius* (1893).

I. **T. javanicum** *Möbries* in Ber. d. deutsch. Bot. Gesellsch. t. XI.
p. 122; *De Wild.* Prodr. p. 25.
Entre Tjibodas et Tjipanas (*J. Massart*).

PLEUROCOCCUS *Menegh.* (1842).

I. **P. vulgaris** *Menegh.* Nostoch. p. 38 t. V fig. 1; *De Toni* Syll.   38.
Alg. I. p. 688; *De Wild.* in Ann. Jardin bot. Buitenzorg
Suppl. I p. 80.
Jardin botanique de Buitenzorg (*J. Massart*).

CHARA *Br.* (1835).

I. **C. furcata** *Roxb.?* *Zollinger* Syst. Verzeichn. Ind. Arch. Ges.   39.
Pflanzen p. 4.
Boni (Celebes) (*Zollinger*).

MESOCARPOS *Hass.* (1843).

I. **M. parvulus** *Kass.* Brit. Freshw. Alg. p. 169 t. 45 fig. 2—3.   40.
— — var. **angustus** (*Hass.*) Cooke Brit. Freshw. p. 104 t. 42
fig. 4: *De Toni* Syll. Alg. I p. 714; *De Wild.* in Ann. Jardin
bot. Buitenzorg Suppl. I p. 81.
Kampong Kali-Bata (*J. Massart*).

MOUGEOTIA *Ag.* (1824).

I. **M. genuflexa** (*Dillw.*) *Ag.* Syst. p. 83; *De Toni* Syll. Alg. I p. 716;   41.
De Wild. in Ann. Jardin bot. Buitenzorg Suppl. I p. 81.
Kali-Bata, Jardin botanique de Buitenzorg, entre Poentjak et
Sindanglaia (*J. Massart*).

ZYGOGONIUM *Kütz.* (1843).

I. **Z. ericetorum** *Kütz.* Spec. Alg. p. 446; *De Wild.* in Ann.   42.
Jardin bot. Buitenzorg Suppl. I p. 81.
Rawah Manoek (*J. Massart*).

2. **Z. javanicum** *v. Martens*; *De Wild.* Prodr. p. 32; *De Wild.* in
Ann. Jard. bot. Buitenzorg Suppl. I p. 82 pl. VIII fig. 17—23.
> Zygnema javanicum *De Toni; De Wild.* Prodr. p. 31.
Papandayan, Rawah Manoek (*J. Massart*).

SPIROGYRA *Link* (1820).

I. **S. majuscula** *Kütz.* Spec. p. 441.   43.
— — var. **minor** *Wittr.* et *Nordst.* in Bot. Notiser (1884) p. 126;
De Toni Syll. Alg. I p. 756; *De Wild.* in Ann. Jardin bot.
Buitenzorg Suppl. I p. 84.
Jardin botanique de Buitenzorg (*J. Massart*).

2. **S. variabilis** *De Wild.* in Ann. Jardin bot. Buitenzorg Suppl. I p. 83.   44.
Jardin botanique de Buitenzorg (*J. Massart*).

DIDYMOPRIUM *Grev.*

I. **D. Bovreri** *Ralfs* Brit. Desm. p. 58 pl. III; *De Toni* Syll. Alg. I
p. 798; *De Wild.* in Ann. Jardin bot. Buitenzorg Suppl. I p. 85.

Gymnozyga monileformis *Ehrenb.; De Wild.* Prodr. p. 33.
Kali-Bata (*J. Massart*).

DESMIDIUM *Ag.* (1824).

1. **D. aptogonium** *Bréb.* Alg. Falaise p. 65 t. II; *De Toni* Syll. Alg. I p. 781; *De Wild.* in Ann. Jardin bot. Buitenzorg Suppl. I p. 85.
Tjikeumeuh (*J. Massart*).

HYALOTHECA *Ehrenb.* (1840).

1. **H. dissiliens** *Bréb.* in *Ralfs* Brit. Desm. p. 51 t. I fig. 1; 45. *De Toni* Syll. Alg. I p. 785; *De Wild.* in Ann. Jard. bot. Buitenzorg Suppl. I p. 85.
Kampong Pandjassam, Kali-Bata (*J. Massart*).

SPHAEROZOSMA *Corda* (1845).

1. **S. excavatum** *Ralfs* in Ann. nat. Hist. V p. 15 t. III fig. 8; *De Toni* Syll. Alg. I p. 790: *De Wild.* in Ann. Jardin bot. Buitenzorg Suppl. I p. 85.
Kali-Bata (*J. Massart*).
2. **S. vertebratum** (*Bréb.*) *Ralfs* Brit. Desm. p. 65 t. VI fig. 1: 46. *De Toni* Syll. Alg. I p. 789; *De Wild.* in Ann. Jardin bot. Buitenzorg Suppl. I p. 85.
Tjikeumeuh (*J. Massart*).

BAMBUSINA *Kütz.* (1845).

1. **B. Brebissonii** *Kütz.* Phyc. Germ. p. 140; *De Wild.* in Ann. 47. Jardin bot. Buitenzorg Suppl. I p. 85; *De Toni* Syll. Alg. I p. 798.
Tjampea (*J. Massart*).

GONATYZOGON *De Bary* (1836).

1. **G. Ralfsii** *De Bary*; *De Wild.* Prodr. p. 34; *De Toni* Syll. Alg. I p. 801; *De Wild.* in Ann. Jardin bot. Buitenzorg Suppl. I p. 85.
Jardin botanique de Buitenzorg, Kampong Pandjassam (*J. Massart*).

16

MESOTAENIUM *Näg.* (1849).

I. **M. Endlicherianum** *Näg* Einz. Alg. p. 109 t. VI B; *De Toni*   48.
Syll. Alg. I p. 814; *De Wild.* in Ann Jardin bot. de Buitenzorg
Suppl. I p. 86.
Papandayan (*J. Massart*).

CYLINDROCYSTIS *Menegh.* (1858).

I. **C. Brebissonii** *Menegh.* Cenni organ. p. 5; *De Toni* Syll. Alg. I   49.
p. 815; *De Wild.* in Ann. Jardin bot. Buitenzorg Suppl. I p. 87.
Kampong Kali-Bata (*J. Massart*).

CLOSTERIUM *Nitzsch.* (1817).

I. **C. acutum** (*Lyngb.*) *Bréb.*; *De Wild.* Prodr. p. 34; *De Toni* Syll. Alg. I.
p. 856; *De Wild.* in Ann. Jardin bot. Buitenzorg Suppl. I p. 87.
Tjampea (*J. Massart*).

2. **C. Delpontei** (*Klebs*) *De Toni* Syll. Alg. I p. 852; *De Wild.* in   50.
Ann. Jardin bot. Buitenzorg Suppl. I p. 87; *De Wild.* Prodr. p. 34.
Tjampea (*J. Massart*).

3. **C. Kützingii** *Bréb.* Liste Desm. p. 156 t. II fig. 40; *De Toni*   51.
Syll. Alg. I p. 850; *De Wild.* in Ann. Jardin bot. Buitenzorg
Suppl. I p. 87.
Tjampea, entre Poentjak et Sindanglaia (*Massart*).

4. **C. Leibleinii** *Kütz.* in Linnaea (1835) p. 596; *De Toni* Syll.   52.
Alg. I p. 846; *De Wild.* in Ann. Jardin bot. de Buitenzorg
Suppl. I p. 88.
Tjampea (*J. Massart*).

5. **C. Massarti** *De Wild.* nom. nor.
Closterium maximum *De Wild.* in Ann. Jardin bot. Buitenzorg   53.
Suppl. I p. 88 pl. XIX fig. 18—20.
Jardin botanique de Buitenzorg (*J. Massart*).

6. **C. moniliferum** (*Bory*) *Ehrenb.*; *De Wild.* Prodr. p. 55;
De Toni Syll. Alg. I p. 845; *De Wild.* in Ann. Jardin bot.
Buitenzorg Suppl. I p. 88.
Entre Tjibodas et Tjipanas (*J. Massart*).

7. **C. parvulum** *Näg.* Einz. Alg. p. 106 t. VI C fig. 2; *De Toni*   54.
Syll. Alg. I p. 841; *De Wild.* in Ann. Jardin bot. Buitenzorg
Suppl. I. p, 89.
Tjampea (*J. Massart*).

Spec. dubia.

C. Lunula *Ehrenb.* Mikrogeol. p. 159.
Tjilettu (*Ehrenb.*).

PENIUM *Bréb.* (1848).

1. **P. didymocarpum** *Lund.* Desm. Suec. p. 85 t. 5 fig. 9; *De Toni*   55.
Syll. Alg. I p. 862; *De Wild.* in Ann. Jardin bot. Buitenzorg
Suppl. I p. 89.
Kampong Kali-Bata (*J. Massart*).
2. **P. javanicum** *De Wild.* in Ann. Jardin bot. Buitenzorg   56.
Suppl. I p. 89, pl. XXIII fig. 9.
Kali Bata (*J. Massart*).
3. **P. polymorphum** *Perty* Kleinste Lebensf. p. 207 t. XVI fig. 15;   57.
De Toni Syll. Alg. I p. 859; *De Wild.* in Ann. Jardin bot.
Buitenzorg Suppl. I p. 90.
Kali-Bata (*J. Massart*).

DOCIDIUM *Bréb.* (1841).

1. **D. baculum** *Bréb.* in *Ralfs* Brit. Desm. p. 158 t. 33 fig. 5;   58.
De Toni Syll. Alg. I p. 872; *De Wild.* in Ann. Jardin bot.
Buitenzorg Suppl. I p. 91.
Jardin botanique de Buitenzorg (*J. Massart*).
2. **D. dubium** *De Wild.* in Ann. Jardin bot. Buitenzorg Suppl. I   59.
p. 90.
Tjampea (*J. Massart*).
3. **D. subcoronulatum** *Turn.* in Kongl. Vet. Ak. Handl. Bd. 25 n°. 5;   60.
De Wild. in Ann. Jardin bot. Buitenzorg Suppl. I p. 91.
Tjampea (*J. Massart*).

2

PLEUROTAENIUM *Näg.* (1849).

1. **P. Ehrenbergii** *(Ralfs) Delp.; De Wild.* Prodr. p. 36.
   Docidium Ehrenbergii *Ralfs; De Toni* Syll. Alg. I p. 895; *De Wild.*
   in Ann. Jardin bot. Buitenzorg Suppl. I p. 91.
   Kali-Bata (*J. Massart*).
2. **P. nodosum** *(Bail.) Lund.* Desm. succ. p. 90; *De Toni* Syll. Alg. I   61.
   p. 901; *De Wild.* in Ann. Jardin bot. Buitenzorg Suppl. I p. 92.
   Tjampea (*J. Massart*).
3. **P. ovatum** *Nordst.* Alg. Bras. p. 18; *De Toni* Syll. Alg. I p. 898;   62.
   De Wild. in Ann. Jardin bot. Buitenzorg Suppl. I p. 92.
   Tjampea (*J. Massart*).

PLEUROTAENIOPSIS *Lund.* (1871).

1. **P. javanica** *(Nordst.) De Toni; De Wild.* Prodr. p. 36.
   De Wild. in Ann. Jardin bot. Buitenzorg Suppl. I p. 93.
   Tjampea, Jardin bot. de Buitenzorg (*J. Massart*).
2. **P. subturgidum** *(Turn.) Schmidle* in Hedw. (1895) p. 300;   63.
   De Wild. in Ann. Jardin bot. Buitenzorg Suppl. I p. 94.
   —— f. **minor** *Schmidle* loc. cit. (1895) p. 300.
   Kampong Kali-Bata (*J. Massart*).
3. **P. tessellata** *(Delp.) De Toni* Syll. Alg. I p. 908; *De Wild.* in   64.
   Ann. Jardin bot. Buitenzorg Suppl. I p. 93; *De Wild.* Prodr. p. 37.
   Tjampea (*J. Massart*).

COSMARIUM *Corda* (1835).

1. **C. Askenasyi** *Schmidle* in Hedwigia 1895 p. 304 pl. IV fig. 7 *a, b*;   65.
   De Wild. in Ann. Jardin bot. Buitenzorg Suppl. I p. 94;
   De Wild. Prodr. p. 37.
   Tjampea (*J. Massart*).
2. **C. auriculatum** *Reinsch.* Contrib. Alg. et Fung. p. 83 t. 14 fig. 5;   66.
   De Toni Syll. Alg. I p. 1040; *De Wild.* in Ann. Jardin bot.
   Buitenzorg Suppl. I p. 95.
   Entre Poentjak et Sindanglaia, Tjampea, Jardin botanique de
   Buitenzorg (*J. Massart*).

3. **C. liretum** *Bréb.* in *Ralfs* Brit. Desm. p. 102 t. XVI fig. 5;   67.
De Toni Syll. Alg. I p. 1018; *De Wild.* in Ann. Jardin bot.
Buitenzorg Suppl. I p. 95.
Tjampea (*J. Massart*).

4. **C. Broomei** *Thwaites* in *Ralfs* Brit. Desm. p. 103 t. XVI fig. 6;   68.
De Toni Syll. Alg. I p. 1026; *De Wild.* in Ann. Jardin bot.
Buitenzorg Suppl. I p. 96.
Tjampea (*J. Massart*).

5. **C. conspersum** *Ralfs* Brit. Desm. p. 101 t. XVI fig. 4;   69.
De Toni Syll. Alg. I p. 997; *De Wild.* in Ann. Jardin bot.
Buitenzorg Suppl. I p. 96.
Tjiomas (*J. Massart*).

6. **C. granatum** *Bréb.*; *De Wild.* Prodr. p. 38; *De Toni* Syll.
Alg. I p. 931; *De Wild.* in Ann. Jardin bot. Buitenzorg
Suppl. I p. 96.
Kampong Pandjassam (*J. Massart*).

7. **C. Hammeri** *Reinsch* Algenfl. Frank. p. 111 t. 10 fig. 1;
De Toni Syll. Alg. I p. 936; *De Wild.* in Ann. Jardin botanique
Buitenzorg Suppl. I p. 96.
Tjampea (*J. Massart*).

8. **C. taxichondrium** *Lund.* Desm. Suec. p. 39 t. 2 fig. 13;   70.
De Toni Syll. Alg. I p. 990; *De Wild.* in Ann. Jardin bot.
Buitenzorg Suppl. I p. 96.
Jardin botanique de Buitenzorg (*J. Massart*).

EUASTRUM *Ehrenb.* (1831).

1. **E. ansatum** *Ralfs, De Wild.* Prodr. p. 40.
De Toni Syll. Alg. I p. 1096; *De Wild.* in Ann. Jardin bot.
Buitenzorg Suppl. I p. 96.
Kali-Bata (*J. Massart*).

2. **E. binale** (*Turp.*) *Ralfs* in Trans. Bot. Soc. Edinb. II p. 130   71.
t. XI fig. 7; *De Toni* Syll. Alg. I p. 1084; *De Wild.* in Ann.
Jardin bot. Buitenzorg Suppl. I p. 96.
Kampong Kali Bata (*J. Massart*).

3. **E. circulare** *Hass.* Brit. Freshw. Alg. p. 383 t. 90 fig. 5 ;   72.
    De Toni Syll. Alg. I p. 1097 ; *De Wild.* in Ann. Jardin bot.
    Buitenzorg Suppl. I p. 97.
    Kali-Bata (*J. Massart*).

4. **E. denticulatum** (*Kirchn.*) *Gay* Not. Conjug. p. 355 : *De Toni* Syll.   73.
    Alg. I p. 1106 ; *De Wild.* in Ann. Jardin bot. Buitenzorg
    Suppl. I p. 97.
    Kali-Bata, Tjikeumeuh, Tjiomas (*J. Massart*).

5. **E. spinulosum** subsp. **africanum** *Nordst.* Alg. Mus. Lugd. Bat.
    p. 9 fig. 16 ; *De Toni* Syll. Alg. I p. 1080 ; *De Wild.* in Ann.
    Jardin bot. Buitenzorg Suppl. I p. 97.
    Tjampea (*J. Massart*).
    — — subsp. **inermius** *Nordst.* ; *De Wild.* Prodr. p. 41 ;
    De Toni loc. cit. ; *De Wild.* in Ann. Jardin bot. Buitenzorg
    Suppl. I p. 97.
    Tjampea (*J. Massart*).

6. **E. substellatum** *Nordst.* ; *De Wild.* Prodr. p. 41 ; *De Toni* Syll.
    Alg. I p. 98 ; *De Wild.* in Ann. Jardin bot. Buitenzorg
    Suppl. I p. 98.
    Tjikeumeuh (*J. Massart*).

7. **E. turgidum** *Wall.* ; *De Wild.* Prodr. p. 41.
    — — var. **Grunowii** *Turn.* in Kong. Vet. Ak. Handl. Bd. 25 n°.
    5 p. 75 pl. X fig. 29 ; *De Wild.* in Ann. Jardin bot. Buitenzorg
    Suppl. I p. 98 et Prodr. loc. cit.
    Tjampea (*J. Massart*).

STAURASTRUM *Meyen* (1829).

1. **S. altermans** *Bréb.* in *Ralfs* Brit. Desm. p. 132 t. 27 fig. 7 ;   74.
    De Toni Syll. Alg. I p. 1193 ; *De Wild.* in Ann. Jardin bot.
    Buitenzorg Suppl. I p. 99.
    Kampong Kali-Bata (*J. Massart*).

2. **S. basidentatum** *Borge* in Bih. t. k. Sv. Ak. Handl. Bd. 17   75.
    afd. III n°. 4.
    — — var. **simplex** *Borge* loc. cit.

— — — f. **trigona** *De Wild.* in Ann. Jardin bot. Buitenzorg
Suppl. I p. 99.

Entre Poentjak et Sindanglaia (*J. Massart*).

3. **S. muticum** *Bréb.* in *Menegh.* Syn. Desm. p. 228; *De Toni*   76.
Syll. Alg. I p. 1177; *De Wild.* in Ann. Jardin bot. Buitenzorg
Suppl. I p. 99.

Kampong Tjikeumeuh (*J. Massart*).

NAVICULA *Bory* (1826).

1. **N. abrupta** *Donk*; *De Wild.* Prodr. p. 42; *Cleve* Syn. navic.
Diat. II p. 61.

Labuan (*Cleve*).

2. **N. advena** *Schmidt* Alt. pl. 8 fig. 29; *De Toni* Syll. Alg. II p. 88.   77.
Diploneis advena *Cleve* Syn. navic. Diat. 1 p. 81.

Java (*Deby*).

3. **N. aegyptiaca** *Grev.*; *De Wild.* Prodr. p. 43.
Caloneis Powellii var. aegyptiaca *Cleve* Syn. navic. Diat. I p. 63.

4. **N. aemula** *Grun.* in *Schmidt* N. D. t. 2 fig. 47.   78.
Caloneis aemula *Cleve* Syn. navic. Diat. I p. 57.

— — var. **major** *Cleve* et *Grove* in Diatomiste I p. 67 pl. X
fig. 8.
Caloneis aemula var. major *Cleve* Syn. navic. Diat. I p. 57.

Détroit de Macassar (*Cleve*).

5. **N. amphisbaena** *Bory* Encycl. Méth.; *De Toni* Syll. Alg. II p. 144.   79.
— — var. **Fenzlii** (*Grun.*) *Van Heurck* Syn. p. 102 t. 11 fig. 5.
Caloneis amphisbaena var. Fenzlii *Cleve* Syn. navic. Diat. I p. 59.

Batavia (*Cleve*).

6. **N. anomala** (*Ehrenb.*) *De Toni* Syll. Alg. II p. 192.   80.
Pinnularia anomala *Ehrenb.* Mikrogeol. p. 158 et 173.

Di-Eng (Java) (*Ehrenb.*).

7. **N. aspera** *Ehrenb.*; *De Wild.* Prodr. p. 43.
Trachyneis aspera var. genuina *Cleve* Syn. navic. Diat. I p. 191.

Amboine (*Kinker*).

— — var. **angusta** *Cleve* Syn. navic. Diat. I p. 191.

Sumbawa (*Kinker*).

— — var. **perobliqua** *Cleve* Syn. navic. Diat. I p. 192.
Détroit de Macassar (*Grove*).

— — var. **vulgaris** *Cleve* Syn. navic. Diat. I p. 191.
Java (*Cleve*).

8. **N. Barbitos** *Schmidt* Atl. pl. CXXIX fig. 5; *Cleve* Syn. navic. 81.
Diat. II p. 56.
Sumatra, Sumbawa (*Cleve*).

9. **N. Beyrichiana** *Schmidt*; *De Wild.* Prodr. p. 43.
Diploneis genunatula var. Beyrichiana *Cleve* Syn. navic. Diat. I p. 104.
Java (*Cleve*).

10. **N. biclavata** *Cleve* et *Grove*; *De Wild.* Prodr. p. 43.
Caloneis biclavata *Cleve* Syn. navic. Diat. I p. 59.

11. **N. binaria** *Schmidt*; *De Wild.* Prodr. p. 43.
Diploneis binaria *Cleve* Syn. navic. Diat I p. 86.

12. **N. bioculata** *Grun.* in *Schmidt* Atl. t. 70 fig. 9—10; *De Toni* 82.
Syll. Alg. II p. 97.
Diploneis bioculata *Cleve* Syn. navic. Diat. I p. 80.
Java (*Cleve*).

13. **N. blanda** *Schmidt*; *De Wild.* Prodr. p. 44.
Caloneis blanda *Cleve* Syn. navic. Diat. I p. 63.
Amboine (*Cleve*).

14. **N. borealis** (*Ehrenb.*) *Kütz.*; *De Wild.* Prodr. p. 44.
Diploneis borealis *Cleve* Syn. navic. Diat. I p. 96.
— — var. **subacuta** (*Ehrenb.*) *De Toni* Syll. Alg. II p. 20.
Pennularia borealis var. subacuta *Ehrenb.* Mikrogeol. p. 115 et 158.
Di-Eng (Java) (*Ehrenb.*).

15. **N. brasiliensis** *Grun.*; *De Wild.* Prodr. p. 44; *Cleve* Syn. Diat. II
p. 47.
Labuan (*Cleve*).

16. **N. bullata** *Norm.* in Micr. Journ. 1861 p. 8 t. 2 fig. 7;
De Toni Syll. Alg. II p. 98.
Navicula Lyra var. elliptica f hillata *Cleve* Syn. navic. Diat. II p. 63.
Détroit de Macassar (*Cleve*).

17. **N. caliginosa** *Cleve* et *Grove*; *De Wild.* Prodr. p. 44.
Navicula Hennedyi var. caliginosa *Cleve* Syn. navic. Diat. II p. 59.

18. **N. caucellata** *Donk*; *De Wild.* Prodr. p. 45; *Cleve* Syn. navic. Diat. II p. 30.

Labuan (*Cleve*).

19. **N. caribaea** *Cleve* in *Schmidt* Alt. pl. 70 fig. 48; *De Toni* Syll. Alg. II p. 98.

  Navicula maculata var. caribaea *Cleve* Syn. navic. Diat. II p. 46.

Labuan (*Cleve*).

20. **N. Castracanei** *Grun.* in *Cleve* On some new or little known Diat. p. 12 t. III fig. 35; *Schmidt* Atl. pl. 212 fig. 31; *De Toni* Syll. Alg. II p. 175.

Sumbawa (*Schmidt*).

21. **N. circumvallata** (*Cleve*) *Nob.*

  Cymatoneis circumvallata *Cleve* Syn. navic. Diat. I p. 76.

Labuan (*Brun.*).

22. **N. clavata** *Grey.* in *Trans.* micr. soc. IV p. 46 pl. V fig. 17; *De Wild.* Prodr. p. 45; *Cleve* Syn. navic. Diat. II p. 61.

  Navicula Hennedyi var. clavata *Van Heurck* Syn. p. 93; *De Toni* Syll. Alg. II p. 104.

Java (*Van Heurck*).

— — var. **rhombica** f. **minuta** *Cleve* Syn. navic. Diat. II p. 62.

  Navicula Hennedyi var. minuta *Cleve*; *De Toni* Syll. Alg. II p. 104.

Sumbawa (*Kinker*).

23. **N. claviculus** (*Grey.*) *Ralfs* in *Pritch.* Inf. p. 867; *De Toni* Syll. Alg. II p. 36.   85.

— — var. **javanica** (*Cleve*) *Nob.*

  Pennularia claviculus var. javanica *Cleve* Syn. navic. Diat. II p. 97.

Java (*Cleve*).

24. **N. coffeiformis** *Schmidt* Atl. pl. 8 fig. 7; *De Toni* Syll. Alg. II p. 98.   86.

  Diploneis coffeiformis *Cleve* Syn. navic. Diat. I p. 81.

Détroit de Macassar (*Cleve*).

25. **N. consors** *Schmidt* Alt. pl. XLVIII fig. 24—27; *Cleve* Syn.   87.
navic. Diat. I p. 25; *De Toni* Syll. Alg. II p. 94.

Java (*Cleve*).

26. **N. constricta** *Grun.* in Verhandl. Zool. bot. Gesell. Wien 1860   88.
p. 535 t. 1 fig. 18; *De Toni* Syll. Alg. II p. 77.

Diploneis muscaeformis *Cleve* Syn. navic. Diat. I p. 83.

Sumatra (*Kinker*).

27. N. crabro (*Ehrenb.*) *Kütz*; *De Wild.* Prodr. p. 45.

Diploneis crabro *Cleve* Syn. navic. Diat. I p. 101.

— — var. **didelta** (*Cleve*) *Nob.*

Diploneis crabro var. didelta *Cleve* Syn. navic. Diat. I p. 101.

Sumbawa (*Kinker*).

— — var. **expleta** (*Schmidt*).

Navicula expleta *Schmidt* Alt. pl. LXIX fig. 78.

Diploneis crabro var. expleta *Cleve* Syn. navic. Diat. I p. 100.

Celebes (*Schmidt*).

— — var. **Pandura** (*Bréb.*) *Rabenh.*; *De Wild.* Prodr. p. 45.

Diploneis crabro var. Pandura *Cleve* Syn. navic. Diat. I p. 100.

Sumbawa (*Cleve*).

— — var. **subelliptica** (*Cleve*) *Nob.*

Diploneis crabro var. subelliptica *Cleve* Syn. navic. Diat. I p. 101.

Détroit de Macassar (*Grove*).

28. N. cuspidata *Kütz.* Bacill. p. 94 t. 5 fig. 24 et 37: *De Toni* 89. Syll. Alg. II p. 136.

N. amphisbaenia *Ehrenb.* Verh. p. 129 et Mikrogeol. p. 158.

Di-Eng, Tjidammar? (*Ehrenb.*).

29. N. cynthia *Schmidt*; *De Wild.* Prodr. p. 46.

Diploneis cynthia *Cleve* Syn. navic. Diat. I p. 82.

— — var. **elongata** (*Cleve*) *Nob.*

Diploneis cynthia var. elongata *Cleve* Syn. navic. Diat. I p. 82.

Java (*Cleve*).

30. N. dalmatica *Grun.* in Verhandl. Zool. Bot. Gesell. Wien 1860 90. p. 525 t. 1 fig. 14.

Diploneis dalmatica *Cleve* Syn. navic. Diat. I p. 98.

Détroit de Macassar (*Cleve*).

31. N. dicephala *Ehrenb.*; *De Wild.* Prodr. p. 46.

Punnularia dicephala *Ehrenb.* Mikrogeol. p. 158.

Di-Eng (Java) *Ehrenb.*

32. N. diffusa *Schmidt* Alt. pl. II fig. 28.

— — var. **minor** *Cleve* Syn. navic. Diat. II p. 46.

Java (*Cleve*).

33. **N. digitus** (*Ehrenb.*) *Ralfs* in *Pritch.* Inf. p. 908; *De Toni* Syll. 92.
Alg. II p. 190.

> Pinnularia digitus *Ehrenb.* Mikrogeol. p. 158 et 159 t. XXXIII, VIII
> fig. 15 et XXXVIII, A III B t. 1.

Tjiletta (*Ehrenb.*).

34. **N. diplosticta** *Grun.*; *De Wild.* Prodr. p. 46.

> Diploneis splendida var. diplosticta *Cleve* Syn. navic. Diat. I p. 88.

Java (*Schmidt*).

35. **N. directa** *Ralfs*; *De Wild.* Prodr. p. 46.

— — var. **javanica** *Cleve* Syn. navic. Diat. II p. 27.

Sumbawa (*Kinker*).

36. **N. Durandii** *Kitton*; *De Wild.* Prodr. p. 47; *Cleve* Syn. navic.
Diat. II p. 65.

37. **N. Ehrenbergii** *Kütz.* Bacill. p. 92 t. 3 fig. 38. 93.

> Navicula lanceolata *Ehrenb.* Inf. t. XIII fig. XXI (non *Kütz.*) et
> Mikrogeol. p. 158.

Di-Eng (*Ehrenb.*).

38. **N. expleta** *O' Meara* Ir. Diat. p. 394 t. 33 fig. 9; *Schmidt* Atl. 94.
pl. 69 fig. 7, 8; *De Toni* Syll. Alg. II p. 108.

N. Celebes (*Gründl.*).

39. **N. exsul** *Schmidt*; *De Wild.* Prodr. p. 47.

> Navicula clavata var. exsul *Cleve* Syn. navic. Diat. II p. 62.

40. **N. forcipata** *Grev.*; *De Wild.* Prodr. p. 47.

— — var. **densestriata** *Schmidt* Atl. pl. 70 fig. 14—16;
Cleve Syn. navic. Diat. II p. 66.
Java (*Cleve*).

— — var. **nummularia** (*Grev.*) *Cleve* Syn. navic. Diat. II p. 66.

> Navicula forcipata var. nummularioides *Schmidt*; *De Toni* Syll. Alg. I p. 97.

Java (*Cleve*).

— — var. **versicolor** (*Grun.*) *Cleve* Syn. navic. Diat. II p. 66.

> Navicula versicolor *Grun.?*

Sumatra (*Cleve*).

41. **N. fusca** (*Grey.*) *Ralfs* in *Pritch.* Inf. p. 898; *De Wild.* Prodr. p. 48.

— — var. **subrectangularis** (*Cleve*) *Nob.*

> Diploneis fusca var. subrectangularis *Cleve* Syn. navic. Diat. I p. 93.

Sumatra (*Deby*).

42. N. gastrum *Ehrenb.* Amer. p. 135 t. 3, VII fig. 23; *De Toni* 95.
Syll. Alg. II p. 53.

Pinnularia gastrum *Ehrenb.* Mikrogeol. p. 158.

Di-Eng (Java) (*Ehrenb.*).

43. N. gemmata *Grev.* Edinb. New. Ph. Journ. X p. 30 t. IV fig. 7.

— — f. **minuta** (*Cleve*) *Nob.*

Diploneis gemmata f. minuta *Cleve* Syn. navic. Diat. I p. 99.

Détroit Macassar (*Cleve*).

— — var. **spectabilis** *Grun.*; *De Wild.* Prodr. p. 48.

Diploneis gemmata var. spectabilis *Cleve* Syn. navic. Diat. I p. 99.

Sumbawa (*Kinker*).

46. N. gibba (*Ehrenb.*) *Kütz.* Bacill. p. 98 t. 28 fig. 70; *De Wild.*
Prodr. p. 48.

Pinnularia gibba *Ehrenb.* Verb. t. 1, II fig. 8 etc.; *Ehrenb.* Mikrogeol. p. 58.

Pinnularia decurrens *Ehrenb.* Amer. t. 3, I fig. 15 et Mikrogeol. p. 158.

Di-Eng, (Java) (*Ehrenb.*).

45. N. Graeffii *Grun.*; *De Wild.* Prodr. p. 48.

Diploneis Graeffii *Cleve* Syn. navic. Diat. I p. 93.

Sumbawa, Labuan (*Schmidt*).

46. N. Grunowiana *De Toni*; *De Wild.* Prodr. p. 48.

N. crucifera *Grun.*; *Cleve* Syn. navic. Diat. II p. 32.

47. N. Guinardiana *Brun.* Diat. Foss. du Japan p. 43 t. 5 fig. 9. 96.

Diploneis Guinardiana *Cleve* Syn. navic. Diat. I p. 85.

Sumbawa, Détroit de Macassar (*Cleve*).

48. N. hospes *Schmidt* Atl. pl. 8 fig. 20—22; *De Toni* Syll. 97.
Alg. II p. 94.

Diploneis littorallis var. hospes *Cleve* Syn. navic. Diat. I p. 94.

Java (*Cleve*).

49. N. humerosa *Bréb.*; *De Wild.* Prodr. p. 49; *Cleve* Syn. navic.
Diat. II p. 43.

Sumatra, Labuan (*Cleve*).

50. N. impleta *Cleve* et *Grove*; *De Wild.* Prodr. p. 49.

Pseudamphiprosa impleta *Cleve* Syn. navic. Diat. I p. 71.

5l. N. impressa *Grun.* in *Schmidt* Atl. pl. 6 fig. 17—18; *Cleve* Syn. 98.
navic. Diat. II p. 50; *De Toni* Syll. Alg. II p. 134.

Sumbawa (*Kinker*).

52. **N. incus** *Grun.*; *De Wild.* Prodr. p. 49.
> N. directa var. incus *Cleve* Syn. navic. Diat. II p. 27.

Sumbawa (*Kinker*).

53. **N. interrupta** (*Bail.*) *Kütz.* Bacill. p. 100 t. 29 fig. 93; 99.
De Toni Syll. Alg. II. p. 70.
> Diploneis interrupta *Cleve* Syn. navic. Diat. I p. 84.

Java (*Cleve*).

54. **N. iridis** *Ehrenb.* Verbr. p. 130; *De Toni* Syll. Alg. II p. 153. 100.
— — var. **affinis** (*Ehrenb.*) *Van Heurck* Syn. p. 104 t. 13 fig. 4.
> N. affinis *Ehrenb.* Amer. p. 129 t. 2 fig. II etc. et Mikrogeol. p. 158.

Di-Eng, Tjiletta (*Ehrenb.*).

55. **N. jesuna** *Schmidt* Atl. pl. XLVI fig. 76; *Cleve* Syn. navic.
Diat. II p. 27; *De Wild.* Prodr. p. 50.
Sumatra (*Grove*), Détroit de Macassar (*Cleve*).

56. **N. Johnsoniana** *Grev.*; *De Wild.* Prodr. p. 50.
> Trachyneis Johnsoniana *Cleve* Syn. navic. Diat. I p. 193.

57. **N. Kirchenpauerii** *De Toni* Syll. Alg. II p. 156.   101.
> Navicula marina *Jan.* et *Rabenh.* Diat. Hond. p. 10 t. 2 fig. 16.
> Navicula Jelineckii var. marina *Cleve* Syn. navic. Diat. II p. 160
>   pl. II fig. 18.

Java (*Grove*).

58. **N. laciniosa** *Schmidt*; *De Wild.* Prodr. p. 50.
> Diploneis laciniosa *Cleve* Syn. navic. Diat. I p. 82.

59. **N. lesinensis** (*Grun.*) *Nob.*   102.
> Diploneis lesinensis *Grun.* ex *Cleve* Syn. navic. Diat. I p. 104.

Sumatra (*Deby*).

60. **N. liber** *W. Smith*; *De Wild.* Prodr. p. 50.
> Caloneis liber *Cleve* Syn. navic. Diat. I p. 54.

— — var. **excentrica** (*Grun.*) *Nob.*
> Caloneis liber var. excentrica *Cleve* Syn. navic. Diat. I p. 55.

Java (*Kinker*).

— — var. **genuina** *Cleve Nob.*
> Caloneis liber var. genuina *Cleve* Syn. navic. Diat. I p. 54.

— — — f. **tenuistriata** (*Cleve*) *Nob.*
> Caloneis liber var. genuina f. tenuistriata *Cleve* Syn. navic. Diat. I p. 54.

Labuan (*Cleve*).

61. **N. limitanea** *Schmidt* Atl. pl. 11 fig. 23; *De Toni* Syll. Alg. II p. 73. 103.

> Diploneis crabro var. limitanea *Cleve* Syn. navic. Diat. I p. 100.

Sumatra (*Kinker*), Java (*Cleve*).

62. **N. Lunula** *Cleve* Syn. navic. Diat. II p. 51. 104.

Java (*Cleve*).

63. **N. Lyra** *Ehrenb.* Amer. p. 151 t. I, 1 fig. 9; *Cleve* Syn. navic. Diat. II p. 63.

— — var. **Ehrenbergii** *Cleve* Syn. navic. Diat. II p. 63.

Sumatra (*Cleve*).

— — var. **elliptica** *Schmidt* Atl. I 2 fig. 34; *Cleve* Syn. navic. Diat. II p. 63; *De Toni* Syll. Alg. II p. 96.

Sumatra (*Deby*).

— — var. **subcarinata** *Grun;* *De Wild.* Prodr. p. 51; *Cleve* Syn. navic. Diat. II p. 64.

64. **N. Macraei** *Rabenh.* Fl. Eur. Alg. I p. 226; *De Toni* Syll. Alg. I. 105.
p. 105.

> Navicula indica *Grev.* in Trans. Micr. Soc. 1862 p. 95 t. 9 fig. 13.
> Navicula clavata var. indica *Cleve* Syn. navic. Diat. II p. 62.

Sumbawa (*Kinker*), Détroit de Macassar (*Cleve*).

65. **N. madagascariensis** *Cleve* in Diatomiste 1890 p. 25. 106.

> Caloneis madagascariensis *Cleve* Syn. navic. Diat. I p. 59.

Java (*Cleve*).

66. **N. major** (*Cleve*) *Nob.* 107.

> Diploneis major *Cleve* Syn. navic. Diat. I p. 96.

Détroit de Macassar, Sumatra (*Cleve*).

67. **N. maxima** *Grey;* *De Wild.* Prodr. p. 51.

> Caloneis Liber var. bicuneata (*Grun.*) *Cleve* Syn navic. Diat. I p. 55.

— — f. **lanceolata** (*Cleve*) *Nob.*

> Caloneis liber var. bicuneata f. lanceolata *Cleve* Syn. navic. Diat. I p. 55.
> Navicula excentrica *Schmidt* Atl. pl. 50 fig. 6—7.

Celebes (*Schmidt*).

68. **N. mesolepta** *Ehrenb.* Amer. t. 4, II fig. 2; *De Toni* Syll. Alg. II p. 32.

— — var. **termes** (*Ehrenb.*) *Van Heurck* Syn. p. 80 t. 6 fig. 12—13; *De Toni* loc. cit.

Pinnularia termes *Ehrenb*. Amer. t. 2 VI fig. 22; *Ehrenb*. Mikrogeol. p. 158.
Di-Eng? (Java) (*Ehrenb*.).

69. **N. mirabilis** *Leud.-Form.* Diat. Ceyl. p. 31 t. 2 fig. 21; 108.
De Toni Syll. Alg. II p. 176.
    Caloneis musca var. mirabilis *Cleve* Syn. navic. Diat. 1 p. 65.
Sumbawa (*Kinker*), Sumatra (*Cleve*).

70. **N. multicostata** *Grun.*; *De Wild.* Prodr. p. 52.
    Diploneis crabro var. multicosta *Cleve* Syn. navic. Diat. I p. 102.
Java (*Cleve*).

71. **N. musca** *Grey.* Diat. of Clyde p. 7 t. I fig. 6; *De Toni* Syll. 109.
Alg. II p. 176.
  — — var. **intermedia** *Schmidt* Atl. pl. 160 fig. 7—8.
    Caloneis musca var. intermedia *Cleve* Syn. navic. Diat. I p. 65.
Sumbawa (*Kinker*).

72. **N. muscaeformis** *Grun.* Alg. Casp. p. 17; *De Toni* Syll. Alg. II 110.
p. 82.
  — — var. **genuina** (*Cleve*) *Nob.*
    Diploneis muscaeformis var. genuina *Cleve* Syn. navic. Diat. I p. 83.
Java (*Cleve*).

73. **N. mutica** *Kütz.*; *De Wild.* Prodr. p. 52.
    Stauroneis Semen *Ehrenb*. Mikrogeol. p 156.
Bornéo? (*Hupe*).

74. **N. nicobarica** *Grun.*; *De Wild.* Prodr. p. 52; *Cleve* Syn. navic.
Diat. I p. 75.
Celebes (*Schmidt*).

75. **N. nitescens** *Ralfs*; *De Wild.* Prodr. p. 52.
    Diploneis nitiscens *Cleve* Syn. navic. Diat. I p. 97.
Sumbawa (*Cleve*).

76. **N. nobilis** (*Ehrenb.*) *Kütz.*; *De Wild.* Prodr. p. 52.
    Pinnularia nobilis *Ehrenb*. Mikrogeol. p. 158 et 159.
Tjilettu, Di-Eng? (*Ehrenb.*).

77. **N. notabilis** *Grev.*; *De Wild.* Prodr. p. 52.
  — — f. **expleta** *Schmidt* N. S. D. 1 fig. 20, II fig. 11.
    Diploneis notabilis f. expleta *Cleve* Syn. navic. Diat. I p. 93.
Java, Labuan (*Cleve*).

78. **N. Ny** *Cleve* Syn. navic. Diat. I p. 75 pl. I fig. 24.　　111.
Java (*Cleve*).

79. **N. oblonga** *Kütz.* Bacill. p. 97 t. 4 fig. 21; *De Toni* Syll. 112.
Alg. II p. 57.
> Pinnularia macilenta *Ehrenb.* Amer. t. 2, I fig. 23; *Ehrenb.* Mikrogeol.
> p. 158.

Di-Eng (Java) (*Ehrenb.*).

80. **N. ophiocephala** *Cleve* et *Grove*; *De Wild.* Prodr. p. 53.
> Caloneis ophiocephala *Cleve* Syn. navic. Diat. I p. 66.

Java, Sumatra, (*Cleve*).

81. **N. oscitans** *Schmidt* Atl. pl. 6 fig. 41; *Cleve* Syn. navic. Diat. II p. 49.
Détroit de Macassar (*Cleve*).

— — var. **subundulata** *Cleve* et *Grove*; *De Wild.* Prodr. p. 53;
Cleve Syn. navic. Diat. II p. 50.

82. **N. ovulum** *Grun.* in Verhandl. Zool. Bot Gesell. Wien 1860 113.
p. 519 t. 1 fig. 19; *De Toni* Syll. Alg. II p. 88.
> Diploneis littoralis (*Donk.*) *Cleve* Syn. navic. Diat. I p. 94.

Java (*Cleve*).

83. **N. panduriformis** *Nob.*　　114.
> Diploneis Vespa *Cleve* Syn. navic. Diat. I p. 97.

Java (*Cleve*).

84. **N. parvula** *Ralfs* in *Pritch.* Infus. p. 908; *De Toni* Syll. Alg. II 115.
p. 25.
> Pinnularia parva *Grey.* in Micr. Jonrn. II 1854 p. 98 t. 4 fig. 11;
> *Cleve* Syn. navic. Diat. II p. 87.

Java (*Cleve*).

85. **N. pennata** *Schmidt*; *De Wild.* Prodr. p. 53.
— — var. **maxima** *Cleve* Syn. navic. Diat. II p. 33.
Sumatra (*Deby*).

86. **N. Perrotettii** *Grun.* in Micr. Journ. 1877 p. 172; *Cleve* Syn. 116.
navic. Diat. I p. 110.
> Navicula Pangeroni *Leud.-Fortm.*; *De Wild.* Prodr. p. 53.
> Craticula Perrotettii *Grun.*; *De Toni* Syll. Alg. I p. 313.

87. **N. plicata** *Donk.* Brit. Diat. p. 59 pl. IX fig. 2; *Cleve* Syn. 117.
navic. Diat. I p. 154.

Libellus — *De Toni* Syll. II p. 202.

Labuan (*Cleve*).

— — var. **sumatrana** *Cleve* Syn. navic. Diat. I p. 154.

N. oxeia *Castr.* Diat. Challenger p. 31 t. 20 fig. 8; *De Toni* Syll. Alg. II p. 185.

Muntok, Sumatra (*Grove*), Java (*Cleve*).

88. **N. Powellii** *Lew.*; *De Wild.* Prodr. p. 53.

Caloneis Powellii var. Vidovichii *Cleve* Syn. navic. Diat. I p. 63.

89. **N. praetexta** *Ehrenb. De Wild.* Prodr. p. 54; *Cleve* Syn. navic. Diat. II p. 55.

Détroit de Macassar (*Cleve*).

90. **N. probabilis** *Schmidt* Atl. pl. 50 fig. 46.   118.

Galoneis probabilis *Cleve* Syn. navic. Diat. I p. 56.

Java (*Grave*).

91. **N. quarnerensis** *Grun.* ex *Cleve* Syn. navic. Diat. I p. 111.

Sumatra (*Deby*).

92. **N. radiosa** *Kütz.* Bacill. p. 91 t. 4 fig. 23; *De Toni* Syll. II p. 42.   119.

— — var. **acuta** (*W. Sm.*) *Grun.* in Verhandl. Zool. Bot. Gesell. Wien 1860 p. 524; *De Toni* loc. cit.

Pinnularia amphioxys *Ehrenb.* Mikrolgeol. p. 158.

Di-Eng. (Java) (*Ehrenb.*).

93. **N. Raeana** *Castr.*; *De Wild.* Prodr. p. 54; *Cleve* Syn. navic. Diat. II p. 69; *Schmidt* Atl. pl. 212 fig. 57—58.

Sumatra, Labuan (*Cleve*), Sumbawa (*Kinker*).

94. **N. rectangulata** *Greg.* Diat. of the Clyde p. 7 t. I fig. 7;   120. *De Toni* Syll. Alg. II p. 13.

Pinnularia rectangulata *Cleve* Syn. navic. Diat. II p. 98.

Labuan (*Cleve*).

95. **N. retinenda** *Schmidt* Atl. pl. 212 fig. 17.   121.

Sumbawa (*Kinker*).

96. **N. robusta** *Grun.* in *Schmidt* Atl. pl. 50 fig. 1—2; *De Toni* Syll.   122. Alg. II p. 192.

Caloneis robusta *Cleve* Syn. navic. Diat. I p. 55.

Java (*Kinker*), Sumatra (*Cleve*).

97. **N. samoensis** *Grun.*; *De Wild.* Prodr. p. 55.

Caloneis samoensis *Cleve* Syn. navic. Diat. I p. 60.
Amboine, Java (*Kinker*).

98. **N. scopulorum** *Bréb. De Wild.* Prodr. p. 55; *Cleve* Syn. navic. Diat. I p. 151.
Labuan (*Cleve*).

99. **N. sigma** *Ehrenb.* Inf p. 181, t. XIII fig. XII; *Ehrenb.* Mikrogeol. 123.
p. 159; cf. *De Toni* Syll. Alg. II p. 253.
Tjilettu, (Java) (*Ehrenb.*).

100. **N. singularis** *Schmidt* Atl. pl. 43 fig. 20; *De Toni* Syll. Alg. II p. 59. 124.
Pinnularia singularis *Cleve* Syn. navic. Diat. II p. 86.
N. Celebes (*Schmidt*).

101. **N. Smithii** *Bréb.*; *De Wild.* Prodr. p. 55.
Diploneis Smithii *Cleve* Syn. navic. Diat. I p. 96.

102. **N. spectabilis** *Greg.* Diat. of the Clyde p. 9 t. 1 fig. 10; 125.
Cleve Syn. navic. Diat. II p. 60; *De Toni* Syll. Alg. II p. 98.
Java (*Cleve*).
— — var. **maxima** *Cleve* Syn. navic. Diat. II p. 60.
Détroit de Macassar (*Cleve*).

103. **N. splendida** *Greg.*; *De Wild.* Prodr. p. 55.
Diploneis splendida *Cleve* Syn. navic. Diat. I p. 87.

104. **N. stylus** *Ehrenb.* Ber. 1842; *De Toni* Syll. Alg. II p. 180; 126.
Ehrenb. Mikrogeoel. p. 158.
Di-Eng (Java) (*Ehrenb.*).

105. **N. sublyrata** *Grun.*; *De Wild.* Prodr. p. 56; *Cleve* Syn. navic. Diat. II. p. 46.

106. **N. sulcata** *Grev.* Diat. South Pacif. III p. 235 t. 3 fig. 10; 127.
De Toni Syll. Alg. II p. 150.
Cymatoneis sulcata *Cleve* Syn. navic. Diat. I p. 75.
Labuan, Java (*Cleve*).

107. **N. suspecta** *Schmidt*; *De Wild.* Prodr. p. 56.
Diploneis crabro var. suspecta *Cleve* Syn. navic. Diat. I p. 101.

108. **N. Szontaghii** *Pant.* Foss. Bacill. Ung. 1 p. 29 t. 3 fig. 25, 128.
t. 28 fig. 234; *De Toni* Syll. Alg. II p. 15.
Diploneis Szontaghii *Cleve* Syn. navic. Diat. I p. 99.
Sumbawa (*Kinker*).

109. **N. tabellaria** *Kütz.*; *De Wild.* Prodr. p. 56.
    Stauroptera tabellaria *Ehrenb.* Mikrogeol. p. 158.
Di-Eng (Java) (*Ehrenb.*).

110. **N. Trevelyana** *Donk.*; *De Wild.* Prodr. p. 56.
    — — var. **angustata** (*Cleve*) *Nob.*
    Pinnularia Trevelyana var. angustata *Cleve* Syn. navic. Diat. II p. 98.
Sumatra (*Deby*).

111. **N. vacillans** *Schmidt* Atl. pl. 8 fig. 61; *De Toni* Syll. Alg. II 129. p. 76.
    Diploneis vacillans *Cleve* Syn. navic. Diat. I p. 95.
    — — f. **B.**
    Diploneis vacillans f. B. *Cleve* Syn. navic. Diat. I p. 95.
Détroit de Macassar (*Cleve*).
    — — var. **renitens** *Schmidt* Atl. pl. 12 fig. 55.
    Diploneis vacillans var. renitens *Cleve* Syn. navic. Diat. I p. 95.
N. Celebes (*Schmidt*).

112. **N. velata** *Schmidt*; *De Wild.* Prodr. p. 57.
    Trachyneis velata *Cleve* Syn. navic. Diat. I p. 194.
Sumatra (*Cleve*).

113. **N. venustissmia** *Kitton* ex *Leud.-Fortm.*; *De Wild.* Prodr. p. 57; *Cleve* Syn. navic. Diat. II p. 57.

114. **N. irridis** (*Nitzsch*) *Kütz.* Bacill. p. 97 t. 4 fig. 18; *De Toni* 130. Syll. Alg. II p. 11.
    Bacillaria viridis *Nitzsch* Beitr. 1817 t. 6 fig. 1—3.
    Pinnularia viridis *Ehrenb.* Inf. p. 182 et Mikrogeol. p. 159 et 160.
Di-Eng, Tjilettu (Java) (*Ehrenb*).
    — — var. **intermedia** (*Cleve*) *Nob.*
    Pinnularia viridis var. intermedia *Cleve* Syn. navic. Diat. II p. 91.
Java (*Cleve*).

115. **N. viridula** *Kütz.* Syn. Diat. tab. I fig. 12; *De Toni* Syll. 131. Alg. II p. 43.
    N. gracilis *Ehrenb.* Ber. 1846 p. 179 t. 2 et Mikrogeol. p. 158.
Di-Eng, Tjidammar?, Tjilettu (*Ehrenb*).

116. **N. vulpecula** *Schmidt* Atl. pl. 12 fig. 56; *De Toni* Syll. Alg. II 132. p. 86.

Diploneis dalmatica var. vulpecula *Cleve* Syn. navic. Diat. I p. 98.

N. Celebes (*Schmidt*), Java (*Cleve*).

117. **N. Yarrensis** *Grun.; De Wild.* Prodr. p. 57; *Cleve* Syn. navic.
Diat. II p. 69; *Schmidt* Atl. pl. 212 fig. 46.
Sumbawa (*Kinker*).

118. **N. zanzibarica** *Grev.; De Wild.* Prodr. 57.

Navicula Lyra var. Zanzibarica *Cleve* Syn. navic. Diat. II p. 64.

Sumatra (*Cleve*).

119. **N. Zostereti** *Grun.; De Wild.* Prodr. p. 57; *Cleve* Syn. navic.
Diat. II p. 81.
Java (*Cleve*).

DICTYONEIS *Cleve* (1890).

1. **D. jamaicensis** (*Grev.*) *Cleve; De Wild.* Prodr. p. 57.
Nouvelle-Guinée (*Grove*).

2. **D. marginata** (*Lewis)* *Cleve; De Wild.* Prodr. p. 58.
— — var. **typica** *Cleve* Syn. navic. Diat. I p. 30.
Java (*Cleve*).
— — var. **Clevei** (*Brun.*) *Cleve* Syn. navic. Diat. I p. 31.

Mastogloia Clevei (*Brun.*) in Temp. et Brun. Diat. foss. du Japon p. 39
t. 9 fig. 18.

Diploneis marginata f. margine valde convexae *Cleve; De Wild.* Prodr.
p. 58.

— — var. **commutata** *Cleve* Syn. navic. Diat. I p. 31.

Pseudodiploneis commutata *Cleve* ex *De Toni* Syll. Alg. II p. 195.

Dictyoneis marginata f. elongata *Cleve; De Toni* loc. cit.

Détroit de Macassar (*Grove*), Sumbawa (*Kinker*).
— — var. **Janischii** (*Castr.*) *Cleve* Syn. navic. Diat. I
p. 31.

Navicula Janischii *Castr.* Diat. Chall. p. 29 t. 30 fig. 5.

Dictyoneis marginata f. breves *Cleve; De Toni* Syll. Alg. II p. 195.

Java (*Cleve*).

3. **D. Thumii** *Cleve* in Diatomiste I p. 15 et Syn. navic. Diat. I 133.
p. 31; *De Toni* Syll. Alg. II p. 194.
Java (*Cleve*).

RHOICONEIS *Grun.* (1863).

I. **R. genuflexa** (*Kütz.*) *Grun.*; *De Wild.* Prodr. p. 58.
> Navicula genuflexa *Kütz.* Bacill. p. 101 t. 21 fig. 6; *Cleve* Syn. navic.
> Diat. II p. 25.

LIBELLUS *Cleve* (1873).

I. **L. Grevillei** (*Ag.*) *Cleve* Diat. Arct. Sea (1873) p. 18 n°. 77; 134.
De Toni Syll. Alg. II p. 201.
> Navicula libellus *Grey.* Diat. of Clyde p. 528 t. 14 fig. 101; *Cleve*
> Syn. navic. Diat. I p. 153.
Détroit de Macassar (*Cleve*).

2. **L. hamuliferus** (*Grun.*) *De Toni* Int. gen. Brachysira e Libellus 135.
1890 p. 971; *De Toni* Syll. Alg. II p. 202.
> Navicula hamulifera *Grun.* in *Cleve* et *Grun.* Arct. Diat. p. 44;
> *Cleve* Syn. navic. Diat. I p. 154.
Java (*Cleve*).

3. **L. rhombicus** *De Toni*; *De Wild.* Prodr. p. 58.
> Navicula rhombica *Greg.*; *Cleve* Syn. navic. Diat. I p. 152.

STAURONEIS *Ehrenb.* (1843).

I. **S. amphirhynchus** *Ehrenb.* Mikrogeol. p. 158 et 173.   136.
Di-Eng. (Java) (*Ehrenb.*).

2. **S. biformis** *Grun.* in Verhandl. Zool. Bot. Gesell. Wien 1863
p. 154 t. 13 fig. 7; *De Toni* Syll. Alg. II p. 216.
> Mastoneis biformis *Cleve* Syn. navic. Diat. I p. 194.
Labuan (*Cleve*).

3. **S. bistriata** *Leud.-Fortm.*; *De Wild.* Prodr. p. 58.
> Pinnularia bistriata *Cleve* Syn. navic. Diat. II p. 95.

4. **S. gracilis** *Ehrenb.* Amer. pl. 1, 2 fig. 14; *Ehrenb.* Mikrogeol. 137.
p. 158; *Van Heurck* Treat. p. 159; *De Toni* Syll. Alg. II p. 207.
Di-Eng. (Java) (*Ehrenb.*).
> Obs. — M. De Toni différencie *S. gracilis* W. Smith et *S. gracilis* Ehrenb.,
> M. Van Heurck loc. cit. n'admet point de différence entre ces deux espèces
> et rapporte la première à la seconde comme le faisait W. Smith lui-même
> dans son Synopsis.

5. **S. Phoenicenteron** *Nitzsch Ehrenb.*; *De Wild.* Prodr. p. 58 ;
Ehrenb. Mikrogeol. p. 158.
Di-Eng. (Java) (*Ehrenb.*).

PLEUROSIGMA *W. Smith* (1853).

1. **P. acutum** *Norm.* in *Pritch.* Inf. p. 920; *Cleve* Syn. navic. Diat. I 158.
p. 42; *De Toni* Syll. Alg. II p. 258.
Java (*Deby*).

2. **P. angulatum** (*Quek.*) *Sm.*; *De Wild.* Prodr. p. 60.
— — var. **elongatum** (*W. Sm.*) *Van Heurck*; *De Wild.* Prodr.
p. 61.
> Pleurosigma elongatum (W. *Sm.*) in Ann. Nat. Hist. 1852 p. 6 t. I
> fig. 4; *Cleve* Syn. navic. Diat, I p. 38.

Sumatra (*Cleve*).
— — — f. **fallax** (*Grun.*) *De Toni* Syll. Alg. II p. 254.
> Pleurosigma elongatum var. fallax (*Grun.*) *Cleve* Syn. navic. Diat. p. 38.

Sumatra (*Deby*).
— — var. **strigosum** (*W. Sm.*) *Van Heurck*; *De Wild.* Prodr.
p. 60.
> Pleurosigma angulosum var. strigosum *Cleve* Syn. navic. Diat. I p. 41.

3. **P. australe** *Grun.*; *De Wild.* Prodr. p. 61; *Cleve* Syn. navic. 159.
Diat. I p. 40.

4. **P. balticum** (*Ehrenb.*) *Sm.*; *De Wild.* Prodr. p. 61.
> Gyrosigma balticum *Cleve* Syn. navic. Diat. I p. 118.

5. **P. Brunii** *Cleve* in *Peray.* Pleuros. t. 6 fig. 8; *Cleve* Syn. navic.
Diat. I p. 42; *De Toni* Syll. Alg. II p. 241.
Java (*Cleve*).

6. **P. formosum** *W. Smith*; *De Wild.* Prodr. p. 62; *Cleve* Syn.
navic. Diat. I p. 45.
— — var. **arcus** *Cleve* Syn. navic. Diat. I p. 45.
Détroit de Macassar (*Grove*).
— — var. **longissimum** *Grun.* in *Cleve* et *Grun.* Arct. Diat.
p. 48; *Cleve* Syn. navic. Diat. I p. 45; *De Toni* Syll. Alg. II
p. 243.
Java (*Cleve*).

7. **P. Grovei** *Cleve*; *De Wild.* Prodr. p. 62 (err. Grovesii).
    Gyrosigma Grovei *Cleve* Syn. navic. Diat. I p. 118.
8. **P. hamuliferum** *Brun.* Diat. Foss. Japon p. 48 t. 9 fig. 5; 141.
    De Toni Syll. Alg. II p. 242.
    Pleurosigma nicobaricum var. hamuliferum *Cleve* Syn. navic. Diat. I p. 36.
    Sumatra (*Per.*).
9. **P. Heros** *Cleve* Syn. navic. Diat. I p. 44 pl. IV fig. 20.   142.
    Détroit de Macassar (*Grove*).
10. **P. javanicum** *Grun. De Wild.* Prodr. p. 62; *Cleve* Syn. navic.
    Diat. I p. 42.
11. **P. marinum** *Donk.*; *De Wild.* Prodr. p. 63; *Cleve* Syn. navic.
    Diat. I p. 37.
12. **P. naviculaceum** *Bréb.*; *De Wild.* Prodr. p. 63; *Cleve* Syn. navic.
    Diat. I p. 56.
    Labuan (*Cleve*).
    — — f. **minuta** *Cleve* Syn. navic. Diat. I p. 36.
    Sumatra (*Cleve*).
13. **P. Normanii** *Ralfs*; *De Wild.* Prodr. p. 63; *Cleve* Syn. navic.
    Diat. I p. 40.
    Java (*Cleve*).
14. **P. nubecula** *W. Smith*; *De Wild.* Prodr. p. 63; *Cleve* Syn. navic.
    Diat. I p. 35.
15. **P. obscurum** *Sm.*; *De Wild.* Prodr. p. 64.
    — — var. **mediterraneum** *Grun.* in *Cleve* et *Grun.* Arct. Diat.
    p. 49; *De Toni* Syll. Alg. II p. 244.
    Pleurosigma speciosum var. mediterraneum *Cleve* Syn. navic. Diat. I p. 44.
    Java (*Cleve*).
16. **P. pelagicum** *Per.* Monogr. p. 7 pl. III fig. 2; *Cleve* Syn. navic.
    Diat. I p. 37.
    Java (*Deby*).
17. **P. pulchrum** *Grun.* in Verhandl. Zool. Bot. Gesell. Wien 1860 144.
    p. 556 t. 4 fig. 2; *De Toni* Syll. Alg. II p. 244.
    Pleurosigma speciosum var. pulchrum *Cleve* Syn. navic. Diat. I p. 44.
    Java, Sumatra (*Cleve*).

18. **P. rhombeum** *Grun.*; *De Wild.* Prodr. p. 64; *Cleve* Syn. navic. Diat. I p. 42.

Labuan (*Cleve*).

19. **P. salinarum** *Grun.* in *Cleve* et *Moeller* Diat. n°. 214: *Cleve* 145. Syn. navic. Diat. I p. 59; *De Toni* Syll. Alg. II p. 247.

Sumatra (*Cleve*).

20. **P. Scalprum** (*Gaillon*) *Ralfs* in *Pritch.* Inf. p. 919; *De Toni* 146. Syll. Alg II p. 248.

> Navicula Scalprum *Gaillon* in Mém. du Muséum t. XV. t. 10 fig. 3;
> *Ehrenb.* Mikrogeol. p. 156.

Timor (*Ehrenb*).

21. **P. simile** *Grun.*; *De Wild.* Prodr. p. 64; *De Toni* Syll. Alg. II p. 251.

> Gyrosigma balticum var. simile *Cleve* Syn. navic. Diat. I p. 119.

Java.

22. **P. Smithii** *Grun.* in Verhandl. Zool. Bot. Gesellsch. Wien 1860 147. p. 560; *De Toni* Syll. Alg. II p. 256.

> Gyrosigma strigilis var. Smithii *Cleve* Syn. navic. Diat. I p. 115.

Java (*Cleve*).

23. **P. speciosum** *W. Smith*; *De Wild.* Prodr. p. 64; *Cleve* Syn. navic. Diat. I p. 44.

Labuan (*Cleve*).

— — var. **abrupta** *Perag.*; *De Wild.* Prodr. p. 64; *Cleve* Syn. navic. Diat. I p. 44.

— — var. **gracilis** *Per.*; *De Wild.* Prodr. p. 64; *Cleve* Syn. navic. Diat. I p. 44.

— — var. **javanicum** *Per.*; *De Wild.* Prodr. p. 64; *Cleve* Syn. navic. Diat. I p. 44.

— — var. **majus** *Grun.* in *Cleve* et *Grun.* Arct. Diat. p. 49; *De Toni* Syll. Alg. II p. 256.

> Pleurosigma majus *Cleve* Syn. navic. Diat. I p. 44 pl. IV fig. 15.

Sumatra (*Cleve*).

24. **P. strigile** *W. Sm.* Brit. Diat. I p. 61 t. 22 fig. 208; *De Toni* 148. Syll. Alg. II p. 256.

> Gyrosigma strigilis *Cleve* Syn. navic. Diat. I p. 115.

Batavia (*Cleve*).

25. **P. subrigidum** *Grun.* in *Cleve* et *Grun.* Arct. Diat. p. 49; 149.
Cleve Syn. navic. Diat. I p. 59; *De Toni* Syll. Alg. II p. 245.
Sumatra (*Deby*).

26. **P. umbilicatum** *Cleve* Syn. navic. Diat. I p. 43.   150.
Labuan (*Cleve*).

27. **P. validum** *Shadb.*; *De Wild.* Prodr. p. 65.
    Pleurosigma giganteum *Grun.* in Verhandl. Zool. Bot. Gesell. Wien
        1860 p. 558 t. IV fig. 1; *De Toni* Syll. Alg. II p. 245.
    Pleurosigma rigidum var. gigantea *Cleve* Syn. navic. Diat. I p. 39.
Java (*Cleve*).

SCOLIOPLEURA *Grun.* (1860).

1. **S. antillarum** (*Cleve* et *Gr.*) *Pell.* Diat. p. 288 fig. 251; 151.
De Toni Syll. Alg. II p. 265.
    Trachyneis antillarum *Cleve* Syn. navic. Diat. I p. 193.
Java, Sumatra (*Cleve*).

2. **S. elegans** *Cleve* Syn. navic. Diat. I p. 105 pl. I fig. 9.   152.
Java (*Cleve*).

3. **S. Kurzii** (*Grun.*) *Pell.* Diat. p. 209 fig. 253—254; *De Toni* 153.
Syll. Alg. II p. 265.
    Trachyneis antillarum var. Kurzii *Cleve* Syn. navic. Diat. I p. 194.
Sumatra (*Grove*).

ALLOIONEIS *Schum.* (1867).

1. **A. Debyi** *Leud.-Fortm.*; *De Wild.* Prodr. p. 65.
    Trachyneis Debyi var. osculifera *Cleve* Syn. navic. Diat. I p. 193.
— — var. **Clevei** *Nob.*
    Trachyneis Debyi *Cleve* Syn. navic. Diat. I p. 193.
Sumatra (*Grove*), Java (*Kinker*).

RHOICOSIGMA *Grun.* (1867).

1. **R. compactum** (*Grev.*) *Grun.*; *De Wild.* Prodr. p. 65.
    Gyrosigma compactum *Cleve* Syn. navic. Diat. I. p. 120.

2. **R. mediterraneum** *Cleve*; *De Wild.* Prodr. p. 66.
    Gyrosigma mediterraneum *Cleve* Syn. navic. Diat. I p. 121.
Java (*Cleve*).

3. **R. robustum** (*Grun.*). *De Toni* Syll. Alg. II p. 269.   154.
     Gyrosigma robustum *Cleve* Syn. navic. Diat. I p. p. 121.
Java (*Cleve*).

TOXONIDEA *Donk.* (1858).

1. **T. insignis** *Donk.*; *De Wild.* Prodr. p. 66; *Cleve* Syn. navic.
Diat. I p. 46.

DONKINIA *Ralfs* (1860).

1. **D. angusta** (*Donk.*) *Ralfs*; *De Wild.* Prodr. p. 66 (err. augusta).
— — var. **sumatrana** (*Cleve*) *Nob.*
     Gyrosigma angustum var. sumatranum *Cleve* Syn. navic. Diat. I p. 120.
Sumatra (*Deby*).
2. **D. Thumii** (*Cleve*) *Perag.*; *De Wild.* Prodr. p. 66.
     Gyrosigma rectum var. Thumii *Cleve* Syn. navic. Diat. I p. 120.

FRUSTULIA *Ag.* (1824).

1. **F. interposita** (*Lewis*) *De Toni* Syll. Alg. II p. 278; *Cleve* Syn.
navic. Diat. I p. 123.
— — var. **labuensis** *Cleve* Syn. navic. Diat. I p. 123.
Labuan (*Cleve*).
2. **F. Lewisiana** (*Grev.*) *De Toni* Syll. Alg. II p. 278; *Cleve* Syn.   155.
navic. Diat. I p. 123.
     Navicula Lewisiana *Grev.* in Trans. Micr. Soc. vol. XI p. 15 t. 1 fig. 7.
Batavia (*Cleve*).

MASTOGLOIA *Twait.* (1856).

1. **M. acuta** *Grun.*; *De Wild.* Prodr. p. 68; *Cleve* Syn. navic.
Diat. II p. 156.
2. **M. asperula** *Grun.*; *De Wild.* Prodr. p. 68; *Cleve* Syn. navic.
Diat. II p. 146.
3. **M. capitata** *Brun.*; *Cleve* Syn. navic. Diat. II p. 151.   156.
Java (*Brun.*).
4. **M. Citrus** *Cleve*; *De Wild.* Prodr. p. 68; *Cleve* Syn. navic.
Diat. II p. 157.

5. **M. constricta** *Cleve*; *De Wild.* Prodr. p. 68; *Cleve* navic. Diat. II p. 154.

6. **M. elegans** *Lewis* Diat. White Mount. p. 17 t. II fig. 16; 157. *Cleve* Syn. navic. Diat. II p. 154; *De Toni* Syll. Alg. II p. 317.
Java (*Cleve*).

7. **M. fallax** *Cleve* Syn. navic. Diat. II p. 153, pl. II fig. 16.   158.
Java (*Cleve*).

8. **M. inaequalis** *Cleve* Syn. navic. Diat. II p. 150 pl. II fig. 15.   159.
Java (*Cleve*).

9. **M. javanica** *Cleve* in *Schmidt* Atl. pl. 188 fig. 38; *Cleve* Syn.   160.
navic. Diat. II p. 159 pl. II fig. 22—23.
Java, Sumatra (*Grove*).

10. **M. Jelineckiana** *Grun.*; *De Wild.* Prodr. p. 68; *Cleve* Syn. navic. Diat. II p. 160.
Java, Sumbawa (*Kinker*).

11. **M. kerguelensis** *Castrac.* Diat. Challenger p. 22 t. 15 fig. 11; 160. *De Toni* Syll. Alg. II p. 321.
Mastogloia quinquecostata var. kerguelensis *Cleve* Syn. navic. Diat. II p. 161.
Labuan (*Cleve*).

12. **M. Kjellmanii** *Cleve*; *De Wild.* Prodr. p. 68; *Cleve* Syn. navic. Diat. II p. 147.

13. **M. labuensis** *Cleve*; *De Wild.* Prodr. p. 69; *Cleve* Syn. navic. Diat. II p. 157.

14. **M. laminaris** (*Ehrenb.*) *Grun.*; *De Wild.* Prodr. p. 69; *Cleve* Syn. navic. Diat. II p. 153.
Java (*Cleve*).

15. **M. Lancettula** *Cleve* in Diamiste I p. 165 pl. XXIII fig. 18; 168. *Cleve* Syn. navic. Diat. II p. 150.
Java (*Cleve*).

16. **M. lemniscata** *Leud.-Fortm.*; *De Wild.* Prodr. p. 69; *Cleve* Syn. navic. Diat. II p. 159.
Sumbawa (*Kinker*), Détroit de Macassar (*Grove*).

17. **M.** **Leudugeri** *Cleve* et *Grove*; *De Wild.* Prodr. p. 69 *Cleve* Syn.
navic. Diat. II p. 159.
Java (*Cleve*).

18. **M.** **lineata** *Cleve* et *Grove*; *De Wild.* Prodr. p. 69; *Cleve* Syn.
navic. Diat. II p. 156.

19. **M.** **Mac Donaldii** *Grev.* Diat. South. Pacif. III p. 257 t. 3 fig. 15; 163.
De Toni Syll. Alg. II p. 323.
Java (*Van Heurck*).

20. **M.** **meleagris** (*Kütz.*) *Grun.*; *De Wild.* Prodr. p. 69.
M. lanceolata *Thwaites* in W. *Smith* Brit. Diat. II p. 64 t 64 fig. 340;
Cleve Syn. navic. Diat. II p. 153.

21. **M.** **minuta** *Grev.*; *De Wild.* Prodr. p. 69; *Cleve* Syn. navic.
Diat. II p. 151.
Java (*Cleve*).

22. **M.** **obesa** *Cleve*; *De Wild.* Prodr. p. 70; *Cleve* Syn. navic.
Diat. II p. 160.

23. **M.** **ovata** *Grun.*; *De Wild.* Prodr. p. 70; *Cleve* Syn. navic.
Diat. II p. 156.
Java (*Cleve*).

24. **M.** **Peragalli** *Cleve*; *De Wild.* Prodr. p. 70; *Cleve* Syn. navic.
Diat. II p. 156.

25. **M.** **pulchella** *Cleve* Syn. navic. Diat. II p. 153, pl. II fig. 27—29. 164.
Java (*Cleve*).

26. **M.** **quinquecostata** *Grun.*; *De Wild.* Prodr. p. 70; *Cleve* Syn.
navic. Diat. II p. 161.
Sumbawa (*Cleve*).

27. **M.** **rhombica** *Cleve*; *De Wild.* Prodr. p. 70; *Cleve* Syn. navic.
Diat. II p. 155.

28. **M.** **Rhombus** (*Petit*) *Cleve* et *Grove*; *De Wild.* Prodr. p. 70;
Cleve Syn. navic. Diat. II p. 146.

29. **M.** **seriata** *Cleve* et *Grove*; *De Wild.* Prodr. p. 70; *Cleve* Syn.
navic. Diat. II p. 161.

30. **M.** **sulcata** *Cleve*; *De Wild.* Prodr. p. 70; *Cleve* Syn. navic.
Diat. II p. 147.

AMPHIPRORA *Ehrenb.* (1843).

1. **A. aequatorialis** (*Cleve*) *De Toni*; *De Wild*. Prodr. p. 71.
   Amphiprora gigantea var. aequatorialis *Cleve* Syn. navic. Diat. I p. 18.

2. **A. approximata** (*Cleve*) *Nob.*   165.
   Tropidoneis approximata *Cleve* Syn. navic. Diat. I p. 26.
   Détroit de Macassar (*Grove*).

3. **A. delicatula** *Grev.*; *De Toni* Syll. Alg. II p. 557.
   Tropidoneis lepidoptera var. delicatula *Cleve* Syn. navic. Diat. I p. 25.

4. **A. gigantea** *Grun.* in Verhandl. Zool. Bot. Gesell. Wien 1860 166.
   p. 568 t. IV fig. 12; *Cleve* Syn. navic. Diat. I p. 18; *De Toni*
   Syll. Alg. II p. 333.
   Détroit de Macassar (*Cleve*).

5. **A. Kinkeriana** (*Cleve*) *Nob.*   167.
   Tropidoneis Kinkeriana *Cleve* Syn. navic. Diat. I p. 28.
   Sumbawa (*Kinker*).

6. **A. Clevei** *Nob.*   168.
   Tropidoneis lata *Cleve* Syn. navic. Diat. I p. 28.
   Java (*Deby*).

7. **A. lepidoptera** *Greg.* Diat. of the Clyde p. 33 t. IV fig. 59;
   De Toni Syll. Alg. II p. 328.
   Tropidoneis lepidoptera *Cleve* Syn. navic. Diat. I p. 25.
   Détroit de Macassar (*Cleve*).

8. **A. margine-punctata** *Cleve* Syn. navic. Diat. I p. 17 pl. I fig. 3. 169.
   Java (*Cleve*).

9. **A. maxima** *Greg.*; *De Wild*. Prodr. p. 72.
   Tropidoneis maxima *Cleve* Syn. navic. Diat. I p. 26.
   Détroit de Macassar (*Grove*).
   — — var. **subulata** (*Cleve*) *Nob.*
   Tropidoneis maxima var. subulata *Cleve* Syn. navic. Diat. I p. 26.
   Détroit de Macassar (*Grove*).

10. **A. membranacea** *Cleve*; *De Wild*. Prodr. p. 72.
    Tropidoneis membranacea *Cleve* Syn. navic. Diat. I p. 24.
    Sumbawa (*Kinker*).

11. **A. sulcata** *O'Meara* in Micr. Journ. 1871 t. III fig. 5; 170.
    De Toni Syll. Alg. II p. 534.

Amphiprora gigantea var. sulcata *Cleve* Syn. navic. Diat. I p. 18.

Sumatra *(Grove)*.

12. **A. sumbawensis** *(Cleve)* *Nob.*   171.

Tropidoneis sumbawensis *Cleve* Syn. navic. Diat. I p. 26.

Sumbawa *(Kinker)*.

CYMBELLA *Ag.* (1830).

1. **C. affinis** *Kütz.*; *De Wild.* Prodr. p. 72.

? Cocconema Fusidium *Ehrenb.* Inf. p. 226 et Mikrogeol. p. 159.

Tjilettu (Java) *(Ehrenb.)*.

2. **C. Cistula** *(Hempr.)* *Kirchn*; *De Toni* Syll. Alg. II p. 365.   172.

— — var. **maculata** (*Kütz.*) *Grun.* Diat. Jos. Land. p. 43 t. 1 fig. 8; *De Toni* loc. cit.

Cocconema Lunula *Ehrenb.* Amer. t. 1, 1 fig. 15 etc. et Mikrogeol. p 158 et 159 t. 39 III fig. 13 etc.

Di-Eng, Tjidammar, Tjilettu (Java) *(Ehrenb.)*.

3. **C. Ehrenbergii** *Kütz.* Bacill. p. 79 t. 6 fig. 11; *De Toni* Syll. 173. Alg. II p. 549.

Navicula inaequalis *Ehrenb.* Inf. p. 184.

Pinnularia inaequalis *Ehrenb.* Mikrogeol. p. 158.

Di-Eng (Java) *(Ehrenb.)*.

Cocconema javanicum *Ehrenb.* Mikrogeol. p. 159.

Tjillettu (Java) *(Ehrenb.)*.

Cocconema Lunula *Ehrenb.* Mikrogeol. p. p. 158 et 159.

Di-Eng, Tjidammar, Tjilettu (Java) *(Ehrenb.)*.

Cocconema subtile *Ehrenb.* Mikrogeol. p. 108 et p. 158; *De Toni* Syll. Alg. II p. 368.

Di-Eng (Java) *(Ehrenb.)*.

ENCYONEMA *Kütz.* (1833).

1. **E. sinense** *(Ehrenb.)* *Ralfs* in *Pritch.* Inf. p. 879; *De Toni* Syll. 174. Alg. II p. 374.

Gloeonema sinense *Ehrenb.* Abhandl. 1847 p. 484 et Mikrogeol. p. 159.

Tjilettu (Java) *(Ehrenb.)*.

AMPHORA *Ehrenb.* (1840).

1. **A. acuta** *Greg.*; *De Wild.* Prodr. p. 74.
    — — var. **arcuata** *(Schmidt) Cleve* Syn. navic. Diat. II p. 128.
    Amphora arcuata *Schmidt* Atl. pl. 26 fig. 27—29.
    Détroit de Macassar (*Cleve*).

2. **A. alata** *Perag.* in Bull. Soc. Hist. Nat. Toulouse. 1888 p. 41 t. II   175.
    fig. 11; *Cleve* Syn. navic. Diat. II p. 115; *De Toni* Syll. Alg. II p. 582.
    Détroit de Macassar (*Cleve*).

3. **A. angularis** *Greg.* in Micr. Journ. III p. 59 t. 4 fig. 6;
    Cleve Syn. navic. Diat. II p. 124; *De Toni* Syll. Alg. II p. 595.
    Java, Détroit de Macassar (*Cleve*).

4. **A. angusta** *Greg.* Diat. of Clyde p. 510 t. 12 fig. 66, *De Toni*   176.
    Syll. Alg. II p. 408.
    — — var. **diducta** *(Schmidt) Cleve* Syn. navic. Diat. II p. 155.
    Amphora diducta *Schmidt* Atl. pl. 25 fig. 12.
    Java (*Schmidt*).

5. **A. areolata** *Grun.* in *Schmidt* Atl. t. 59 fig. 28.
    — — var. **maxima** *Cleve* et *Grove*; *De Wild.* Prodr. p. 74;
    Cleve Syn. navic. Diat. II p. 115.
    Sumbawa (*Kinker*), Détroit de Macassar (*Grove*).
    — — var. **minor** *Cleve* Syn. navic. Diat. II p. 115.
    Java (*Cleve*).

6. **A. biconvexa** *Jan.* in *Schmidt* Atl. pl. 25 fig. 68; *Cleve* Syn.   177.
    navic. Diat. II p. 157; *De Toni* Syll. Alg. II p. 592.
    Détroit de Maccassar (*Cleve*).

7. **A. bioculata** *Cleve* Syn. navic. Diat. II p. 114 pl. III fig. 36—38.   178.
    Sumatra (*Deby*).

8. **A. bullata** *Cleve* Syn. navic. Diat. II p. 119.   179.
    Détroit de Macassar (*Cleve*).

9. **A. Camelus** *Cleve* et *Grove*; *De Wild.* Prodr. p. 75; *Cleve* Syn.
    navic. Diat. II p. 157.

10. **A. clara** *Schmidt* Atl. pl. 25 fig. 20; *De Toni* Syll. Alg. II   180.
    p. 595; *Cleve* Syn. navic. Diat. II p. 122.
    Détroit de Macassar (*Grove*).

11. **A. commutata** *Grun.*; *De Wild.* Prodr. p. 74.
> Amphora proboscidea *Greg.* Diat. of Clyde p. 54. t. 6 fig. 98;
> *Cleve* Syn. navic. Diat. II p. 114.

Java (*Cleve*).

12. **A. corpulenta** *Cleve* et *Grove*; *De Wild.* Prodr. p. 75:
Cleve Syn. navic. Diat. II p. 123.

13. **A. crassa** *Greg.*; *De Wild.* Prodr. p. 75; *Cleve* Syn. navic.
Diat. II p. 109.
— — var. **elongata** *Cleve* Syn. navic. Diat. II p. 109.
Détroit de Macassar (*Cleve*).
— — var. **campechiana** *Grun.*; *Cleve* Syn. navic. Diat. II p. 109.
Détroit de Macassar (*Cleve*).
— — var. **spuria** *Cleve* Syn. navic. Diat. II p. 110.
Sumatra (*Deby*), Détroit de Macassar (*Cleve*).

14. **A. cuneata** *Cleve* in *Schmidt* Atl. pl. 39 fig. 29; *Cleve* Syn. 181.
navic. Diat. II p. 116; *De Toni* Syll. Alg. II p. 597.
Détroit de Macassar (*Cleve*).

15. **A. cymbiformis** *Cleve* Syn. navic Diat. II p. 136; *Schmidt* Atl. 182.
pl. XXV fig. 9.
Labuan (*Cleve*).

16. **A. diaphana** *Cleve* Syn. navic. Diat. II p. 112.   183.
Java (*Cleve*).

17. **A. digitus** *Schmidt*; *De Wild.* Prodr. p. 75.
> Pinnularia ambigua var. digitus *Cleve* Syn. navic. Diat. II p. 95.

18. **A. dorsalis** *Cleve* et *Grove*; *De Wild.* Prodr. p. 75; *Cleve* Syn.
navic. Diat. II p. 157.

19. **A. dubia** *Greg.* Diat. of Clyde p. 514 pl. XIII fig. 76; *Cleve* 184.
Syn. navic. Diat. II p. 102: cf. *De Toni* p. 408, 409.
Java (*Cleve*).

20. **A. egregia** *Ehrenb.* Ber. (1861) p. 294; *Cleve* Syn. navic. 185.
Diat. II p. 110; *De Toni* Syll. Alg. II p. 409.
Java, Sumbawa, Détroit de Macassar (*Cleve*).

21. **A. Erebi** *Ehrenb*; *De Wild.* Prodr. p. 75.
> Amphora costata *Sm.*; *Cleve* Syn. navic. Diat. II p. 122.

22. **A. ergadensis** *Greg.* Diat. of Clyde p. 512 t. 12 fig. 71; 186.
De Toni Syll. Alg. II p. 587.
Amphora macilenta var. ergadensis *Cleve* Syn. navic. Diat. II p. 122.
Détroit de Macassar (*Cleve*).

23. **A. Eunotia** *Cleve* Diat. of Arct. Sea 1873 p. 21 t. III fig. 17; 187.
Syn. navic. Diat. II p. 122; *De Toni* Syll. Alg. II p. 599.
Labuan (*Cleve*).

— — var. **gigantea** (*Grun.*) *Cleve* Syn. navic. Diat. II p. 122.
Amphora cymbifera var. gigantea *Grun.* in *Van Heurck* n°. 546.
Sumbawa (*Kinker*).

24. **A. formosa** *Cleve*; *De Wild.* Prodr. p. 76; *Cleve* Syn. navic.
Diat. II p. 138.
Sumatra (*Deby*), Sumbawa (*Kinker*), Détroit de Macassar (*Cleve*).
— — **minuta** *Cleve* Syn. navic. Diat. II p. 138.
Détroit de Macassar (*Cleve*).

25. **A. gigantea** *Grun.* in *Schmidt* Atl. pl. 27 fig. 46, 67; *Cleve* 188.
Syn. navic. Diat. II p. 105; *De Toni* Syll. Alg. II p. 409.
Java (*Cleve*), Sumbawa (*Kinker*).
— — var. **obscura** *Cleve* Syn. navic. Diat. II p. 106 pl. IV
fig. 28, 29; *Schmidt* Atl. pl. XXVIII fig. 20.
Sumbawa (*Kinker*), Sumatra (*Deby*), Détroit de Macassar (*Cleve*).
— — var. **fusca** (*Schmidt*) *Cleve* Syn. navic. Diat. II p. 106.
Amphora fusca *Schmidt* Atl. pl. 27 fig. 28; *De Toni* Syll. Alg. II p. 410.
Java, Labuan, Détroit de Macassar (*Cleve*).

26. **A. Graeffii** *Grun.* in *Schmidt* Atl. pl. 25 fig. 40, 42; *Cleve* Syn. 189.
navic. Diat. II p. 113; *De Toni* Syll. Alg. II p. 393.
Sumatra (*Deby*).

27. **A. granulifera** *Cleve* Syn. navic. Diat. II p. 116.
Java (*Cleve*).

28. **A. Grovei** *Cleve*; *De Wild.* Prodr. p. 76; *Cleve* Syn. navic. 191.
Diat. II p. 138.
Java, Sumbawa (*Kinker*).

29. **Gruendleri** *Grun.* in *Schmidt* Atl. pl. 28 fig. 24—27, pl. 39 192.
fig. 25; *De Toni* Syll. Alg. II p. 409.

— — var. **robusta** *Cleve* Syn. navic. Diat. II p. 112.

Détroit de Macassar (*Cleve*).

30. **A. Grunowii** *Schmidt* Atl. Probet. fig. 15; *Cleve* Syn. navic. 195.
Diat. II p. 123.
Java (*Schmidt*).

31. **A. inelegans** *Cleve* et *Grove*; *De Wild.* Prodr. p. 76; *Cleve* Syn.
navic. Diat. II p. 111.

— — var. **polita** *Cleve* Syn. navic. Diat. II p. 111.
Java (*Cleve*).

32. **A. inornata** *Cleve* Syn. navic. Diat. II p. 110.   194.
Java (*Cleve*), Détroit de Macassar (*Grove*).

33. **A. Janischii** *Schmidt* Atl. pl. 25 fig. 51—55, 56 pl. 40   195.
fig. 30—52; **Cleve** Syn. navic. Diat. II p. 115; *De Toni* Syll.
Alg. II p. 592.
Détroit de Macassar (*Cleve*).

34. **A. javanica** *Schmidt*; *De Wild.* Prodr. p. 76; *Cleve* Syn. navic.
Diat. II p. 104.

35. **A. labuensis** *Cleve*; *De Wild.* Prodr. p. 76; *Cleve* Syn. navic.
Diat. II p. 140.

36. **A. levis** *Greg.*; *De Wild.* Prodr. p. 76; *Cleve* Syn. navic.
Diat. II p. 150.
Java (*Schmidt*).

37. **A. limbata** *Cleve* et *Grove*; *De Wild.* Prodr. p. 77; *Cleve* Syn.
navic. Diat. II p. 157.

38. **A. lineata** *Greg.*; *De Wild.* Prodr. p. 77.
Amphora granulata *Greg;* *Cleve* Syn. navic. Diat. II p. 123.
Java, Détroit de Macassar (*Cleve*).

39. **A. lineolata** *Ehrenb.*; *De Wild.* Prodr. p. 77; *Cleve* Syn. navic.
Diat. II p. 126.

40. **A. Lunula** *Cleve* Syn. navic. Diat. II p. 129.   196.
Sumatra (*Deby*).

41. **A. macilenta** *Greg.* Diat. of the Clyde p. 38 t. IV fig. 65;   197.
Cleve Syn. navic. Diat. II p. 121; *De Toni* Syll. Alg. II p. 387.
Labuan (*Cleve*).

42. **A**. mexicana *Schmidt*; *De Wild.* Prodr. p. 77; *Cleve* Syn. navic.
Diat. II p. 105.
Sumatra (*Cleve*).
— — var. **fusca** *Cleve* Syn. navic. Diat. II p. 105.
Détroit de Macassar (*Cleve*).

43. **A**. micans *Schmidt* Atl. pl. 26 fig. 18; *Cleve* Syn. navic. 198.
Diat. II p. 128; *De Toni* Syll. Alg. II p. 384.
Détroit de Macassar (*Grove*).

44. **A**. **Normani** *Rabenh.* Fl. Eur. Alg. I p. 88; *Cleve* Syn. navic. 199.
Diat. II p. 119; *De Toni* Syll. Alg. II p. 384.
> A. humicola var. javanica *Schmidt* Atl. pl. XXVI fig. 89; *De Wild.*
> Prodr. p. 76.

45. **A**. obesa *Cleve* et *Grove*; *De Wild.* Prodr. p. 78; *Cleve* Syn.
navic. Diat. II p. 132.

46. **A**. obtusa *Greg.*; *De Wild.* Prodr. p. 78.
— — f. **typica** *Cleve* Syn. navic. Diat. II p. 131.
Labuan, Celebes (*Cleve*).
— — f. **minuta** *Cleve* Syn. Diat. II p. 131.
Détroit de Macassar (*Cleve*).
— — var. **oceanica** *Castr.*; *Cleve* Syn. navic. Diat. II p. 131.
Sumatra (*Van Heurck*).
— — var. **transfuga** *Cleve* Syn. navic. Diat. II p. 131.
Détroit de Macassar (*Cleve*).

47. **A**. Oculus *Schmidt* Atl. pl. 27 fig. 52; *Cleve* Syn. navic. 200.
Diat. II p. 106; *De Toni* Syll. Alg. II p. 409.
Sumbawa (*Kinker*).

48. **A**. ostrearia *Bréb.*; *De Wild.* Prodr. p. 78.
— — var. **typica** *Cleve* Syn. navic. Diat. II p. 129.
Sumatra, Labuan (*Cleve*).

49. **A**. ovalis (*Bréb.*) *Kütz.*; *De Wild.* Prodr. p. 78.
— — var. **affinis** (*Kütz.*) *Van Heurck* Syn. p. 59 t. I fig. 2.
> Amphora arcus *Greg.* in Micr. Journ. III t. 4 fig. 4.
> Amphora arcus f. typica *Cleve* Syn. navic. Diat. II p. 127.
Sumatra (*Deby*).

50. **A. Ovum** *Cleve* Syn. navic. Diat. II p. 102 pl. IV fig. 12; 201.
Schmidt Atl. pl. XXVI fig. 40.
Java (*Schmidt*).

51. **A. pusilla** *Greg.*; *De Wild.* Prodr. p. 79; *Cleve* Syn. navic.
Diat. II p. 137.

52. **A. rhombica** *Kitton*; *De Wild.* Prodr. p. 79; *Cleve* Syn. navic.
Diat. II p. 107.
Sumbawa (*Kinker*), Détroit de Macassar (*Grove*).

53. **A. robusta** *Greg.* Diat. of Clyde p. 516 t. 15 fig. 79; *Cleve* 202.
Syn. navic. Diat. II p. 103; *De Toni* Syll. Alg. II p. 403.
Détroit de Macassar (*Cleve*).

54. **A. scabriuscula** *Cleve* et *Grove*; *De Wild.* Prodr. p. 79;
Cleve Syn. navic. Diat. II p. 140.

55. **A. Scala** *Cleve* et *Grove*; *De Wild.* Prodr. p. 79; *Cleve* Syn.
navic. Diat. II p. 138.
— — var. **alata** *Cleve* Syn. navic. Diat. II p. 138.
Détroit de Macassar (*Cleve*).

56. **A. Schmidtii** *Grun.* in *Schmidt* Atl. pl. 28 fig. 2—3; *De Toni* 203.
Syll. Alg. II p. 410.
— — f. **minor** *Cleve* Syn. navic. Diat. II p. 107.
Labuan (*Cleve*).

57. **A. spectabilis** *Greg.*; *De Wild.* Prodr. p. 79; *Cleve* Syn. navic.
Diat. II p. 132.
Bornéo, Détroit de Macassar (*Cleve*).

58. **A. Terroris** *Ehrenb.* in Abhandl. Berl. Ak. 1853 p. 526; 204.
Cleve Syn. navic. Diat. II p. 122; *De Toni* Syll. Alg. II p. 418.
Détroit de Macassar (*Cleve*).

59. **A. turgida** *Greg.*; *De Wild.* Prodr. p. 80; *Cleve* Syn. navic.
Diat. II p. 123.
Labuan, Détroit de Macassar (*Cleve*).

GOMPHONEMA *Ag.* (1824).

1. **G. angur** *Ehrenb.*; *De Wild.* Prodr. p. 80; *Ehrenb.* Mikrogeol.
p. 159.
Tjilettu, Di-Eng (Java) (*Ehrenb.*).

2. **G. dichotomum** *Kütz.*; *De Wild.* Prodr. p. 80.

Gomphonema gracile var. dichotomum *Cleve* Syn. navic. Diat. I p. 182.

Celebes (*Cleve*).

3. **G. gracile** *Ehrenb. De Wild.* Prodr. p. 80; *Ehrenb.* Mikrogeol. p. 159.

Tjillettu (Java) (*Ehrenb.*).

COCCONEIS *Ehrenb.* (1835).

1. **C. dirupta** *Greg.* Diat. of Clyde p. 19 t. 1 fig. 25; *De Toni* Syll. Alg. II p. 453.

— — var. **genuina** *Grun.* Alg. Novara p. 14; *De Toni* loc. cit.

Cocconeis undulata *Ehrenb.* Inf. p. 194 t. 14 fig. 9 et Mikrogeol. p. 159.

Tjilettu (Java) (*Ehrenb.*).

2. **C. heteroidea** *Hantzsch.*; *De Wild.* Prodr. p. 82; *Schmidt* Atl. 205. pl. 197 fig. 21—23.

3. **C. pellucida** *Grun.*; *De Wild.* Prodr. p. 82.

Macassar (*Grove*).

4. **C. placentula** *Ehrenb.* Inf. p. 194; *De Toni* Syll. Alg. II p. 454; 206. *Ehrenb.* Mikrogeol. p. 159.

Tjilletu, (Java) (*Ehrenb.*).

— — var. **lineata** (*Ehrenb.*) *Van Heurck* Syn. p. 133 t. 30 fig. 31—32.

Cocconeis lineata *Ehrenb.* Amer. p. 81 et Mikrogeol. p. 159.

Tjilettu (Java) (*Ehrenb.*).

5. **C. praetexta** *Ehrenb.* Verbr. t. 3 III fig. 11; *De Toni* Syll. 207. Alg. II p. 464; *Ehrenb.* Mikrogeol. p. 159.

Tjilettu (Java) (*Ehrenb.*).

6. **C. scutellum** *Ehrenb.*; *De Wild.* Prodr. p. 82.

— — var. **distans** (*Greg.*) *Grun.*; *De Wild.* Prodr. p. 83.

Cocconeis distans *Greg.*; *Cleve* Syn. navic. Diat. I p. 172.

7. **C. striata** *Ehrenb.* Amer. t. 3, I fig. 30; *De Toni* Syll. Alg. II 208. p. 442; *Ehrenb.* Mikrogeol. p. 158.

Tjidammar (*Ehrenb.*).

8. **C. transversa** *Schmidt* Atl. pl. 196 fig. 39. 209.

N. Celebes (*Gründl.*).

ORTHONEIS *Grun.* (1868).

1. **0. Clevei** *Grun.*; *De Wild.* Prodr. p. 83; *Cleve* Syn. navic. Diat. p. 148.
   Mastogloia Clevei *Cleve* Syn. navic. Diat. II p. 143.
   Java (*Cleve*).

2. **0. fimbriata** *(Ehrenb.) Grun.*; *De Wild.* Prodr. p. 83; *Cleve* Syn. navic. Diat. II p. 148.
   Mastogloia fimbriata *Cleve* Syn. navic. Diat. II p. 143.
   Sumbawa (*Cleve*).

3. **0. Howathiana** *Grun.* Alg. Novara p. 16; *Cleve* Syn. navic. 210. Diat. II p. 149; *De Toni* Syll. Alg. II p. 467.
   Java (*Schmidt*).

4. **0. punctatissima** *(Grev.) Lagerst.*; *De Wild.* Prodr. p. 83.
   Orthoneis splendida *Grun.* Alg. Novara p. 15; *Cleve* Syn. navic. Diat. II p. 148.
   Mastogloia splendida *Cleve* Syn. navic. Diat. II p. 143.

ACHNANTHES *Bory* (1822).

1. **A. exigua** *Grun.* in *Cleve* et *Grun.* Arct. Diat. p. 21; *Cleve* 211. Syn. navic. Diat. II p. 190; *De Toni* Syll. Alg. II p. 479.
   Java (*Cleve*).

2. **A. inflata** *(Kütz.) Grun.* Alg. Novara p. 98; *Cleve* Syn. navic. 212. Diat. II p. 192 sub *Achnanthidium*; *De Toni* Syll. Alg. II p. 475.
   Java (*Cleve*).

3. **A. javanicum** *Grun.*; *De Wild.* Prodr. p. 84; *Schmidt* Atl. pl. 193 fig. 52; *Cleve* Syn. navic. Diat. II p. 196.
   N. Celebes (*Schmidt*).
   — — var. **rhombica** *Grun.*; *De Wild.* Prodr. p. 84; *Cleve* Syn. navic. Diat. II p. 196.

4. **A. javanica** *Ehrenb.* Mikrogeol. p. 158.   213.
   Singanbaran (Java) (*Ehrenb.*).
   Obs.— Cette espèce citée par Ehrenb. (loc. cit.) peut-elle être assimilée à celle du même nom créée par Grunow en 1880 (cf. De Wild. Prodr. p. 84 et supra)?

5. **A. margaritarum** (*Cleve*) *Nob.*   214.
   Achnanthidium margaritarum *Cleve* in Diatomiste II p. 57 pl. III fig. 9, 10.
   Pearl Island (près Java?) (*Cleve*).

6. **A. seriata** *Ag.* in Bot. Zeit. 1827; *De Toni* Syll. Alg. II p. 474. 215.
   Achnanthidium brevipes var. seriata *Cleve* Syn. navic. Diat. II p. 194.
   Java, Labuan (*Cleve*).

HOMOECLADIA *Ag.* (1827).

I. **H. Vidovichii** *Grun.* in Verhandl. Zool. Bot. Gesellsch. Wien 216.
   (1862) p. 586 t. 12 fig. 32; *De Toni* Syll. Alg. II p. 557.
   Java (*Van Heurck*).

   Obs.— Appartiendrait comme var. au *Nitzschia obtusa.*

HANTZSCHIA *Grun.* (1880).

I. **H. amphioxys** (*Ehrenb.*) *Grun.*; *De Wild.* Prodr. p. 93.
   Eunotia amphioxys (*Ehrenb.*) Verbr. p. 125 t. I, 1 fig. 26; *Ehrenb.*
   Mikrogeol. p. 158.
   Tjidammar, Di-Eng (Java) (*Ehrenb.*).

SURIRAYA *Turp.* (1828).

I. **S. biseriata** (*Ehrenb.*) *Bréb.*; *De Wild.* Prodr. p. 93.
   Surirella bifrons *Ehrenb.* Verbr. t. III v. f. 5 et Mikrogeol. p. 158.
   Di-Eng (Java) (*Ehrenb.*).

2. **S. oraticula** *Ehrenb.* Verbr. t. I, II, fig. 18 etc.; *Ehrenb.* 217.
   Mikrogeol. p. 158; cf. *De Toni* Syll. Alg. II p. 598.
   Tjidammar (Java) (*Ehrenb.*).

   Obs.— Cette espèce est rapportée par M. De Toni à une des deux
   Navicula: N. cuspidata ou *N. ambigua* dont elle représenterait
   un stade particulier.

3. **S. curvula** *Ehrenb.* Mikrogeol. p. 158.
   Tjidammar (Java) (*Ehrenb.*).

   Obs.— D'après M. De Toni (loc. cit. p. 598); le *S. curvula* Bréb.
   serait le *Nitzschia lanceolata* W. Sm.; nous ne savons pas si la
   forme observée à Java par Ehrenberg peut être rapprochée de
   la forme dénominée par De Brébisson.

4. **S. dives** *Castrac.* Diat. Challenger p. 59 t. 10 fig. 4; *Schmidt* 219.
Atl. pl. 206 fig. 12; *De Toni* Syll. Alg. II p. 589.
Sumbawa (*Schmidt*).

5. **S. fastuosa** *Ehrenb.*; *De Wild.* Prodr. p. 94.
— — var. **spinulifera** *Schmidt* Atl. pl. 206 fig. 21; *De Wild.*
Prodr. p. 94.
N. Celebes (*Gründl.*).
— — var. **debilitata** *Schmidt* Atl. pl. 206 fig. 6.
Sumbawa (*Kinker*).
— — var. **nodulifera** *Schmidt* Atl. pl. 206 fig. 5.
Sumbawa (*Kinker*).
— — var. **robusta** *Schmidt* Atl. pl. 206 fig. 1—4.
Sumbawa (*Kinker*).

6. **S. incurvata** *Schmidt* Atl. pl. 205 fig. 5, 6.   220.
Sumbawa (*Kinker*).

7. **S. japonica** *Schmidt* Atl. pl. 205 fig. 13.   221.
Sumbawa (*Kinker*).
   Obs.— Il existe *S. japonica* Castrac. et *S. japonica* Ehrenb.; cf.
   De Toni Syll. Alg. II p. 589 et 594.

8. **S. Kinkeri** *Schmidt* Atl. pl. 205 fig. 9—10.   222.
Sumbawa (*Kinker*).

9. **S. languida** *Schmidt* Atl. pl. 206 fig. 16.   223.
Sumbawa (*Schmidt*).

10. **S. mollis** *Schmidt* Atl. pl. 206 fig. 19.   224.
Sumbawa (*Schmidt*).

11. **S. oblonga** *Ehrenb.* Amer. t. IV fig. 4; *Ehrenb.* Mikrogeol. 225.
p. 158; *De Toni* Syll. Alg. II p. 577.
Di-Eng (*Ehrenb.*).

12. **S. quadrinodosa** *Schmidt* Atl. pl. 205 fig. 11.   226.
Sumbawa (*Kinker*).

13. **S. splendida** (*Ehrenb.*) *Kütz.* Bacill. p. 62 t. VII fig. 9; 227.
Ehrenb. Mikrogeol. p. 158; *De Toni* Syll. Alg. II
p. 571.
Di-Eng? (*Ehrenb.*).

14. **S. sumbawana** *Schmidt* Atl. pl. 205 fig. 1—2.   228.
Bima (*Kinker*).

15. **S. tridens** *Schmidt* Atl. pl. 206 fig. 17.   229.
Sumbawa (*Schmidt*).

CAMPYLODISCUS *Ehrenb.* (1840).

1. **C. aemalus** *Schmidt* Atl. pl. 207 fig. 12.   230.
Sumbawa (*Schmidt*).

2. **C. bellus** *Schmidt* Atl. pl. 207 fig. 4—5.   231.
Sumbawa (*Kinker*).

3. **C. biangulatus** *Grev.*; *De Wild.* Prodr. p. 96; *Schmidt* Atl.   232.
pl. 208 fig. 15.
Sumbawa (*Kinker*).

4. **C. crebrecostatus** *Grev.* in Micr. Journ. (1863) p. 14 t. 1
fig. 6; *De Wild.* Prodr. p. 97.
> Campylodiscus Heufleri *Grun.* in Verhandl. Zool. Bot. Gesellsch.
> Wien (1862) p. 446 t. 9 fig. 6; *Schmidt* Atl. pl. 207 fig. 17.

N. Celebes (*Gründl.*).

5. **C. Horologium** *Williams* in Ann. and Mag. Nat. Hist. 1848;
Schmidt Atl. pl. 207 fig. 23—25; *De Toni* Syll. Alg. II p. 617.
Sumbawa (*Kinker*).

6. **C. inopinus** *Schmidt* Atl. pl. 207 fig. 18.   233.
Sumbawa (*Schmidt*).

7. **C. Kinkeri** *Schmidt* Atl. pl. 207 fig. 16.   234.
Sumbawa (*Schmidt*).

8. **C. latus** *Shadb.* in Micr. Journ. VIII t. I fig. 5; *Schmidt* Atl.
pl. 207 fig. 7—9.
Sumbawa (*Kinker*).
— — var. **major** *Schmidt* Atl. pl. 207 fig. 10.
Sumbawa (*Schmidt*).

9. **C. rivalis** *Schmidt* Atl. pl. 18 fig. 1—2; *De Toni* Syll. Alg. II   235.
p. 611.
Celebes (*Gründler*).

10. **C. Robertsianus** *Grev.*; *De Wild.* Prodr. p. 100.

— — var. *Schmidt* Atl. pl. 207 fig. 22.
Sumbawa (*Schmidt*).

II. **C. Sumbawanus** *Schmidt* Atl. pl. 207 fig. 13.   236.
Sumbawa (*Schmidt*).

12. **C. undulatus** *Grev.* in Micr. Journ. (1865) p. 229 t. 9 fig. 6; 237.
De Toni Syll. Alg. II p. 613.
N. Celebes (*Gründl.*).
— — var. **Leudugeri** *Deby*; *Schmidt* Atl. pl. 208 fig. 6.
Sumbawa (*Schmidt*).

DIATOMA *DC.* (1805).

I. **D. hiemale** (*Lyngb.*) *Heib.*; *De Wild.* Prodr. p. 637.
    Fragilaria hiemalis *Lyngb.* Hydroph. Dan. t. 63; *Ehrenb.* Mikrogeol.
      p. 156.
Timor (*Ehrenb.*).

SYNEDRA *Ehrenb.* (1830).

I. **S. Gallionii** (*Bory*) *Ehrenb.*; *De Wild.* Prodr. p. 103; *Ehrenb.*
Mikrogeol. p. 158.
Di-Eng, Tjilettu, Singanbaran? (Java) (*Ehrenb.*).

2. **S. Ulna** (*Nitzsch*) *Ehrenb.*; *De Wild.* Prodr. p. 104; *Ehrenb.*
Mikrogeol. p. 156, 158 et 159.
    Synedra acuta *Ehrenb.* Verh. t. I, II fig. 22 etc. et Mikrogeol. p. 159.
Di-Eng, Tjilettu, Singanbaran, Tjidammar (Java), Timor? (*Ehrenb.*).

FRAGILARIA *Lyngb.* (1819).

I. **F. capucina** *Desm.* Crypt. de Fr. éd. I n°. 453; *De Toni* Syll. 238.
Alg. II p. 688.
    Fragilaria diopthalma *Ehrenb.* Inf. p. 204 et Mikrogeol. p. 158.
Di-Eng (Java) (*Ehrenb.*).

RAPHONEIS *Ehrenb.* (1844).

I. **R. Lorenziana** *Grun.* in Verhandl. Zool. Bot. Gesellsch. Wien 239.
(1862) p. 381 t. 7 fig. 5; *De Toni* Syll. Alg. II p. 701.
    Actinoneis Lorenzianus *Cleve* Syn. navic. Diat. II p. 187.
Détroit de Macassar (*Grove*).

2. **R. mammalis** *Castrac.* Diat. Challenger p. 48 t. 26 fig. 3; 240.
De Toni Syll. Alg. II p. 702.

Actinoneis mammalis *Cleve* Syn. navic. Diat. II p. 187.

Détroit de Macassar (*Grove*).

— — var. **reticulata** (*Cleve*) *Nob.*

Actenoneis mammalis var. reticulata *Cleve* loc. cit.

Détroit de Macassar (*Grove*).

GLYPHODESMIS *Grev.* (1862).

1. **G. margaritacea** *Castrac.* Diat. Challenger p. 44 t. 18 fig. 10; 241.
Schmidt Atl. pl. 209 fig. 51; *De Toni* Syll. Alg. II p. 716.
Détroit de Macassar (*Grove*).

OMPHALOPSIS *Grev.* (1863).

1. **O. australis** *Grev.* Diat. f. South Pacefic. I p. 537 t. 1 fig. 10—11; 242.
Schmidt Atl. pl. 209 fig. 54; *De Toni* Syll. Alg. II p. 717.
N. Celebes (*Gründl.*).

PLAGIOGRAMMA *Grev.* (1859).

1. **P. antillarum** *Cleve* Diat. fr. the West-Indian Archip. p. 10 243.
t. III fig. 16; *Schmidt* Atl. pl. 209 fig. 10; *De Toni* Syll. Alg. II
p. 725.
Sumbawa (*Schmidt*).

2. **P. approximatum** *Schmidt* Atl. pl. 211 fig. 53. 244.
Sumbawa (*Kinker*).

3. **P. elongatum** *Grev.* in Trans. Micr. Soc. 1866 p. 121 t. 11 245.
fig. 1—2; *Schmidt* Atl. pl. 209 fig. 39; *De Toni* Syll. Alg. II
p. 720.
Détroit de Macassar (*Grove*).

4. **P. Kinkeri** *Schmidt* Atl. pl. 210 fig. 32. 246.
Sumbawa (*Kinker*).

5. **P. Papilio** *Cleve* et *Grove*; *De Wild.* Prodr. p. 111; *Schmidt*
Atl. pl. 211 fig. 13.

6. **P. polygibbum** *Cleve* et *Grove*; *De Wild.* Prodr. 111; *Schmidt*
Atl. pl. 211 fig. 2—5.

7. **P. Seychellarum** *Grun.*; *De Wild.* Prodr. p. 111; *Schmidt*;
Atl. pl. 209 fig. 1.
Sumbawa (*Kinker*).

8. **P. sulcatum** *Cleve* et *Crove*; *De Wild.* Prodr. p. 112; *Schmidt*
Atl. pl. 210 fig. 56.

CYSTOPLEURA *Bréb.* (1849).

1. **C. gibba** (*Ehrenb.*) *Kunze*; *De Wild.* Prodr. p. 118.
Eunotia gibba *Ehrenb.* Verbr. t. 3, 1 fig. 39 et Mikrogeol. p. 158.
Tjidammar? Tjilettu (Java) (*Ehrenb.*).

2. **C. gibberula** (*Ehrenb.*) *Kunze*; *De Wild.* Prodr. p. 118.
Eunotia gibberula *Ehrenb.* Abhandl. 1841 p. 414 et Mikrogeol. p. 158.
Tjidammar (Java) (*Ehrenb.*).

3. **C. turdida** (*Ehrenb.*) *Kunze*; *De Toni* Syll. Alg. II p. 777.
— — var. **granulata** (*Ehrenb.*) *Brun.*; *De Wild.* Prodr. p. 119.
Eunotia granulata *Ehrenb.* in *Poggend.* Ann. 1836 p. 220 t. 4 fig. 2.
Tjidammar (Java) (*Ehrenb.*).
— — var. **Zebrina** (*Ehrenb.*) *Rabenh.* Fl. Eur. Alg. I p. 63;
De Toni Syll. Alg. II p. 779.
Eunotia Zebrina *Ehrenb.* Verbr. p 126 et Mikrogeol. p. 159.
Tjilettu (Java) (*Ehrenb.*).

4. **C. Zebra** (*Ehrenb.*) *Kunze*; *De Wild.* Prodr. p. 119.
Eunotia Zebra *Ehrenb.* Inf. p. 191 t. XXI fig. 19 et Mikrogeol. p. 158.
Tjidammar? Singanbarran (Java) (*Ehrenb.*).

EUNOTIA *Ehrenb.* (1857).

1. **E. arcus** *Ehrenb.*; *De Wild.* Prodr. p. 119.
Himantidium arcus *Ehrenb.*; *Ehrenb.* Mikrogeol. p. 158.
Di-Eng (*Ehrenb.*).

2. **E. lidens** *Ehrenb.* Mikrogeol. p. 158; cf. *De Toni* Syll. Alg. II p. 796. 247.
Di-Eng. (Java) (*Ehrenb.*).

3. **E. gracilis** (*Ehrenb.*) *Rabenh.* Fl. Eur. Alg. I p. 72; *De Toni* 248.
Syll. Alg. II p. 791.
Himantidium gracile *Ehrenb.* Verbr. p. 129 t. 2, 1 fig. 9, t. 3, 1 fig. 41;
Ehrenb. Mikrogeol p. 156.
Bornéo (*Hupe*), Di-Eng (Java) (*Ehrenb.*).

ODONTELLA *Ag.* (1832).

I. **O. reticulata** (*Rop.*) *De Toni*; *De Wild.* Prodr. p. 125.
   Biddulphia reticulata *Roper*; *Schmidt* Atl. pl. 121 fig. 11, 13—15.
   Celebes (*Gründl.*).

AMPHITETRAS *Ehrenb.* (1840).

I. **A. zonatula** (*Grev.*); *De Toni De Wild.* Prodr. p. 129.
   — — f. **trigona** (*Schmidt*).
   Triceratium zonulatum f. trigonum *Schmidt* Atl. pl. 94 fig. 9.
   Flores (*Weissflog*).

TRICERATIUM *Ehrenb.* (1840).

I. **T. favus** *Ehrenb*; *De Wild.* Prodr. p. 130.
   — — var. **quadratum** *Grun.* ex *Schmidt* Atl. pl. 84 fig. 4.
   N. Celebes (*Gründl.*).

2. **T. Robertsianum** *Grev.*; *De Wild.* Prodr. p. 131; *Schmidt* Atl.
   pl. 83 fig. 2—3, 5.
   N. Celebes (*Gründl.*).
   — — f. **inermis** *Schmidt* Atl. pl. 83 fig. 4.
   N. Celebes (*Gründl.*).

3. **T. tripos** *Cleve* On some new or little known Diat. p. 24 t. VI 249.
   fig. 68; *De Toni* Syll. Alg. II p. 925.
   — — f. **major** *Schmidt* Atl. pl. 84 fig. 8.
   N. Celebes (*Gründl.*).

CERATAULUS *Ehrenb.* (1843).

I. **C. Labuani** *Cleve* in *Schmidt* Atl. pl. 115 fig. 11.   250.
   Huttonia Labuani *Grun.* in Just's Jahresb. (1887) p. 219; *De Toni*
      Syll. Alg. II p. 1136.
   N. Celebes (*Gründl.*).

AULACODISCUS *Ehrenb.* (1844).

I. **A. orientilis** *Grev.* in Trans. Micr. Soc. (1864) p. 12 t. 2 fig. 6;   251.
   Schmidt Atl. pl. 44 fig. 1—3; *De Toni* Syll. Alg. II p. 1111.
   N. Celebes (*Schmidt*).

ENDICTYA *Ehrenb.* (1845).

I. **E. minor** *Schmidt* Atl. pl. 65 fig. 14—16; *De Toni* Syll. Alg. II 252.
p. 1190.
N. Celebes (*Gründl.*).

COSCINODISCUS *Ehrenb.* (1838).

I. **C. subtilis** *Ehrenb.*; *De Wild.* Prodr. p. 147; *Ehreub.* Mikrogeol.
p. 158.
Singanbarran (Java) (*Ehrenb.*).

MELOSIRA *Ag.* (1824).

I. **M. distans** (*Ehrenb.*) *Kütz.* Bacill. t. 2 fig. XII; *De Toni* Syll. 253.
Alg. II p. 1333.
> Gallionella distans *Ehrenb.* Ber. d. Berl. Akad. 1836 et Mikrogeol.
> p. 156.

Bornéo (*Hupe*), Timor? (*Ehrenb.*).

2. **M. granulata** (*Ehrenb.*) *Ralfs* in Pritsch. Inf. p. 820; *De Toni*
Syll. Alg. II p. 1334.
> Gallionella procera *Ehrenb.* Mikrogeol. p. 156.

Timor (*Ehrenb.*).

3. **M. octogona** *Schmidt* Atl. pl. 182 fig. 19—20.   254.
N. Celebes (*Schmidt*).

4. **M. Roeseana** var. **spiralis** (*Ehrenb.*) *Grun.*; *De Wild.* Prodr. p. 149.
> Liparogyra spiralis *Ehrenb.* Mikrogeol. p. 159 pl. 34 V A fig. 1.

Tjilettu (Java) (*Ehrenb*).
> Gallionella crenata *Ehrenb.* Mikrogeol. p. 156.

Bornéo (*Hupe*).

PARALIA *Heib.* (1863).

I. **P. sulcata** *Ehrenb.*; *De Wild.* Prodr. p. 150; *Schmidt* Atl. pl. 176
fig. 52.
Celebes (*Schmidt*).

PODOSIRA *Ehrenb.* (1840).

I. **P. variegata** var. *Schmidt* Atl. pl, 140 fig. 4—6.
N. Celebes (*Gründl.*).

> Obs.— Cette variété semble très voisine du type.

RHODOPHYCEAE.

GELIDIUM *Lamour.* (1813).

I.   **G. Zollingeri** *Sonder* in *Zollinger* Syst. Verzeichn. Ind. Arch.
Ges. Pflanzen p. 2 et 4; *De Wild.* Prodr. p. 169.
Suhria? Zollingeri *Grun.* Alg. Novara p. 82 pl. X fig. 3 *a, b.*

GYMNOGONGRUS *Mart.* (1833).

I.   **G. javanicus** *Sonder* in *Zollinger* Syst. Verzeichn. Ind. Arch.   1.
Ges. Pflanzen p. 2 et 3.
Malang (Java), Bima (*Zollinger*).

EUCHEUMA *J. Ag.* (1847).

I.   **E. spinosum** (*L.*) *J. Ag.* Sp. II p. 626; *De Wild.* Prodr. p. 170;
Zollinger Syst. Verzeichn. Ind. Arch. Ges. Pflanzen p. 3 et 4;
De Toni Syll. Alg. IV p. 369.
Sumbawa (*Zollinger*), Papuasie (?).

HYPNEA *Lamour.* (1813).

I.   **H. rugulosa** *Mont.*; *De Wild.* Prodr. p. 172; *Zollinger* Syst.
Verzeichn. Ind. Arch. Ges. Pflanzen p. 3.
Bima (*Zollinger*).

RHODYMENIA *Ag.* (1847).

I.   **R. palmata** (*L.*) *Grev.* Alg. Brit. p. 93.   2.
— — var. **marginifera** *Zollinger* Syst. Verzeichn. Ind. Arch.
Ges. Pflanzen p. 3.
Malang (Java) (*Zollinger*).

TABLEAUX STATISTIQUES

DE LA

FLORE DES ALGUES DES INDES NEÉRLANDAISES.

TABLEAU I.

DISPERSION GEOGRAPHIQUE DES ALGUES INDO-NEERLANDAISES.

Il nous a paru intéressant de condenser en deux tableaux les renseignements que nous avons réunis dans le Prodrome de la Flore Algologique des Indes Néerlandaises et dans son supplément.

Le premier de ces tableaux est destiné à donner la dispersion des diverses espèces d'Algues dans les Indes Néerlandaises ainsi que la distribution de ces mêmes espèces en dehors de ces régions.

Pour arriver à donner une idée de la dispersion des Algues de l'Archipel Néerlandais, nous avons distribué les indications relatives à leur habitat sons les seize rubriques suivantes, chacune d'elleo comprenant les territoires indiqués:

Java.

Mer de Java.

Sumbawa.

Bornéo — *Labuan.*

Nouvelle-Guinée — *Iles Aroe, Rawak.*

Sumatra — *Banka.*

Celebes — *Saleijer.*

Détroit de Macassar.

Moluques — *Ceram, Amboine, Banda, Batjan, Ternate, Tawalli.*

Timor — *Poelou-Tikus, Poelou-Kambing, Poelou-Pisang.*

Bali.

Flores.

Mer et Iles Soulou.

Mer de Banda.

Détroit de la Sonde.

Mer d'Harafoera.

Nous avons été amenés à faire une subdivision spéciale pour : **Mer de Java** et **Détroit de Macassar**, car ces deux indications vagues pourraient se rapporter à diverses Iles de notre énumération.

Le nombre des espèces relevées dans le tableau I est plus faible que celui que nous avons signalé dans le Prodrome et son supplément, car nous avons repris dans cette énumération uniquement les espèces, variétés et formes reconnues par la plupart des auteurs et dont on pouvait certifier la présence dans les Indes.

Nous avons naturellement dû inscrire dans ce tableau bien des espèces dont les variétés seules ont été indiquées dans le domaine étudié ; même pour ces types nous avons pensé qu'il pouvait être utile, à tous ceux qui s'intéressent à la Flore des Algues des Indes Néerlandaises, de connaitre leur dispersion et de la voir signalée côte à côte avec celle des variétés indigènes dans l'Archipel Néerlandais.

Ce tableau ne nous donne donc pas toutes les espèces signalées par divers Algologues, nous tenons à insister sur ce point, les lecteurs qui désirent connaitre la totalité des espèces signalées doivent se rapporter au Prodrome lui-même et à son Supplément.

Quant à la dispersion en dehors des Indes, elle n'est certainement pas complète, nous l'avons tracée dans ses grandes lignes, ce qui nous a paru suffisant ; la donner en détail nous aurait amené dans certains cas trop loin.

Espèces et variétés Indo-Néerlandaises.	Java.	Mer de Java.	Sumbawa.	Bornéo.	Nouvelle Guinée.	Sumatra.	Celebes.	Détroit de Macassar.	Timor.	Bali.	Flores.	Mer et Iles Soulou.	Mer de Banda.	Détroit de la Sonde.	Mer d'Harafoera.	Distribution en dehors des Indes-Néerlandaises.
Brachytrichia																
— quoyi *Born* et *Flah*					+											Etats-Unis d'Amérique, Californie, Iles Mariannes, Ceylan.
Rivularia																
— aquatica *De Wild*	+															
Calothrix																
— javanica *De Wild*	+															
Stigonema																
— informe *Kütz*	+															Europe, États-Unis d'Amérique, Guyane.
— — var. javanicum *Hieron*	+															Europe, États-Unis d'Amérique.
— hormoides *Born* et *Flah*	+															
— irregulare *De Wild*	+															Europe, Etats-Unis d'Amérique, Iles Sandwich.
— minutum *Hass*	+															Europe, États-Unis d'Amérique, Californie.
— panniforme *Born.* et *Flah*	+															
— — var. javanicum *De Wild*	+															
Nostochopsis																
— lobatus *Wood*							+									Etats-Unis d'Amérique, Brésil.
Scytonema																
— cincinnatum *Thur*							+									Europe, Brésil, Iles Sandwich.
— crustaceum *Ag*	+															Europe.
— var. incrustans *Born.* et *Flah*	+															Europe, Amérique boréale.
— dubium *De Wild*	+															
— figuratum *Ag*						+										Europe, États-Unis d'Amérique Mexique, Cochinchine, Ile Bourbon, Nouvelle-Calédonie, Iles Sandwich.
— folliculum *De Wild*	+															Etats-Unis d'Amérique, Antilles, Guyane, Venézuéla, Brésil, Iles Sandwich.
— guyanense *Born.* et *Flah*	+															

Espèces et variétés Indo Néerlandaises.	Java.	Mer de Java.	Sumbawa.	Bornéo.	Nouvelle-Guinée.	Sumatra.	Celebes.	Détroit de Macassar.	Moluques.	Timor.	Bali.	Flores.	Mer et Iles Soulou.	Mer de Banda.	Détroit de la Sonde.	Mer d'Harafoera.	Distribution en dehors des Indes-Néerlandaises.
Scytonema																	
— Hofmanni *Ag.*	+																Europe, États-Unis d'Amérique, Antilles.
— intermedium *De Wild.*	+																
— javanicum *Born.*	+																Guyane, Brésil, Ceylan, France.
— millei *Born.*					+												Cayenne, Ile St. Thomas.
— ocellatum *Lyngb.*				+													Europe, Madère, Antilles, Brésil, Bermundes, Ceylan, Cochinchine, Iles Sandwich, Iles Marquises.
— stuposum *Born.*	+																Europe, Brésil, Antilles, Abyssinie, Ceylan, Ile Bourbon, Nouvelle-Calédonie, Nouvelle-Zélande.
— symplocoide *Hieron.*	+																Allemagne, Antilles.
— varium *Kütz.*	+			+													Brésil, Isles Sandwich, Ceylan.
Hassalia																	
— byssoidea *Hass.*	+																
— — f. lignicola *Born. et Flah.*	+			+													Europe, États-Unis d'Amérique.
Tolypotrix																	
— distorta *Kütz.*				+													Europe.
— tenuis *Kütz.*				+	+												Europe, États-Unis d'Amérique, Bolivie, Australie.
— tjipanasensis *De Wild.*	+																
Nostoc																	
— calcicola *Bréb.*	+																France.
— commune *Vauch.*	+																Répandu des régions arctiques aux régions tropicales.
— ellipsosporum *Rabenh.*				+													Europe, États-Unis d'Amérique, Antilles, Guadeloupe.
— Linekia *Born.*	+																Europe, Tanger, États-Unis d'Amérique.
— minutissimum *Kütz.*	+																Europe.
— paludosum *Kütz.*	+			+													Europe (Allemagne, France).

Espèces et variétés Indo-Néerlandaises.	Java.	Mer de Java.	Sumbawa.	Bornéo.	Nouvelle Guinée.	Sumatra.	Celebes.	Détroit de Macassar.	Moluques.	Timor.	Bali.	Flores.	Mer et Iles Soulou.	Mer de Banda.	Détroit de la Sonde.	Mer d'Harafoera.	Distribution en dehors des Indes-Néerlandaises.
Anabaena																	
— flos-aquae *Bréb.*	+																Europe, États-Unis d'Amérique.
— oblonga *De Wild.*	+																Europe, États-Unis d'Amérique.
— sphaerica *Born.*																	France.
— — f. javanica *Möbius*	+																
— — var. javanensis *De Wild.*	+																
Nodularia																	
— Harveyana *Thur.*	+																Europe, États-Unis d'Amérique.
Cylindrospermum																	
— muscicola *Kütz.*	+																Europe, États-Unis d'Amérique.
Aulosira																	
— laxa *Kirchn.*	+																Allemagne, Suède.
Schizothrix																	
— calcicola *Gom.*				+													Europe.
— calida *De Wild.*	+																
Microcoleus																	
— chtonoplastes *Thur.*	+			+													Europe, Ceylan, États-Unis d'Amérique, Brésil.
Symploca																	
— hydnoides *Kütz.*				+													Europe, Afrique boréale, Ceylan, Nouvelle-Calédonie, États-Unis d'Amérique, Antilles.
— muscorum *Gom.*				+													Europe, Afrique occidentale, États-Unis d'Amérique, Antilles, Brésil.
Porphyrosiphon																	
— Notarisii *Kütz.*	+																Europe, Indes-Anglaises, Ceylan, Abyssinie, Amérique boréale et australe, Antilles, Nouvelle-Calédonie.

Espèces et variétés Indo-Néerlandaises.	Java.	Mer de Java.	Sumbawa	Bornéo.	Nouvelle-Guinée.	Sumatra.	Celebes.	Détroit de Macassar.	Moluques.	Timor.	Bali.	Flores.	Mer et Iles Soulou.	Mer de Banda.	Détroit de la Sonde.	Mer d'Harafoera.	Distribution en dehors des Indes-Néerlandaises.
Lyngbya																	
— aestuarii *Liebm.*					+												Europe, Cap de Bonne-espérance, États-Unis d'Amérique, Antilles, Détroit de Magellan, Tasmanie, Iles des Amis et Pomoton.
— majuscula *Harv.*	+			+	+		+										Europe, Afrique boréale, Madagascar, Mer Rouge, Ceylan, Mexique, Amérique boréale et méridionale, Antilles.
— membranacea *Thur.*	+																Europe, Amérique du Nord.
— vulpina *Kütz.*	+																Europe.
Phormidium																	
— antumnale *Gom.*				+													Europe, Afrique boréale, Saigon, Iles Falkland, États-Unis d'Amérique.
— laminosum *Gom.*	+																Europe, Afrique boréale.
Trichodesmium																	
— erythraeum *Ehrenb.*				+													Mer Rouge, Mer des Indes, Isles Comores, près de la Nouvelle-Calédonie, de San Salvador, côtes du Brésil.
— Hildebrandtii *Gom.*							+										Ceylan, Singapore, Madagascar.
Oscillatoria																	
— major *Vauch.*	+																Europe, Amérique du Nord.
— microscopica *Heydr.*							+										
— princeps *Vauch.*	+																Europe, Ceylan, Ile Bourbon, États-Unis d'Amérique, Guadeloupe, Brésil.
— tenuis *Ag.*	+																Europe, Afrique boréale et équatoriale, États-Unis d'Amérique, Amérique centrale, Antilles, Brésil, Nouvelle-Zélande, Nouvelle-Calédonie.
— — var. natans *Gom.*							+										
Arthrospira																	
— Jenneri *Stizenb.*				+													Europe.
Spirulina																	
— versicolor *Cohn*				+													Europe.

Espèces et variétés Indo-Néerlandaises.	Java.	Mer de Java.	Sumbawa.	Bornéo.	Nouvelle Guinée.	Sumatra.	Celèbes.	Détroit de Macassar.	Moluques.	Moluquer.	Timor.	Bali.	Flores.	Mer et Iles Soulou.	Mer de Banda.	Détroit de la Sonde.	Mer d'Harafoera.	Distribution en dehors des Indes-Néerlandaises.
Aphanothece																		
— castagnei *Rabenh.*					+													Europe.
— microscopica *Nág.*					+													Europe.
Gloeocapsa																		
— aeruginosa *Kütz.*	+																	Europe.
— Zanardini *Hauck.*				+														Europe.
Chamaesiphon																		
— confervicola *Br.*	+				+													Europe.
— curvatus *Nordst.*					+													Europe.
— — var. elongatus *Nordst.*	+																	Iles Sandwich.
— incrustans *Grun.* et *Rabenh.*	+																	Europe.
Coelosphaerium																		
— Kützingianum *Nág.*	+																	Europe.
Euglena																		
— deses *Ehrenb.*	+																	Europe.
— sanguinea *Ehrenb.*	+																	Europe.
Phacus																		
— pleuronectes *Nitsch.*	+																	Europe.
Coleochaete																		
— javanica *De Wild.*	+																	
Bullochaete																		
— gracilis *Pringsh.*	+												+					Europe.
— intermedia *De Bary.*	+												+					Europe, Amérique boréale et australe.
Oedogonium																		
— Franklinianum *Wittr.*	+																	Amérique boréale.

Espèces et variétés Indo-Néerlandaises.	Java.	Mer de Java.	Sumbawa.	Bornéo.	Nouvelle-Guinée.	Sumatra.	Celebes.	Détroit de Macassar.	Moluques.	Timor.	Bali.	Flores.	Mer et Iles Soulou.	Mer de Banda.	Détroit de la Sonde.	Mer d'Haraloera.	Distribution en dehors des Indes-Néerlandaises.
Oedogonium																	
— Kjellmannii *Wittr*				+													
— longicolle *Nordst*																	Iles Sandwich.
— — var. senegalense *Nordst*						+											Senégal.
Ulva																	
— fasciata *Delile*	+								+								Europe, Afrique, Chili, Ceylan, Antilles, Iles du Cap Vert, Amérique boréale et australe.
— reticulata *Forsk*	+				+	+	+		+								Mer Rouge, Ceylan, Philippines, Australie.
Enteromorpha																	
— clathrata *J. Ag*					+												Europe, New-York, Tasmanie, Nouvelle-Zélande.
— compressa *Grev*	+									+							Europe, Amérique boréale et australe, Hawai, Tasmanie, Nouvelle-Zélande.
— crinita *J. Ag*	+																Europe, Amérique, Mer Rouge.
— intestinalis *Link*																	Europe, les deux Amériques, Indes orientales, Japon, Mer Caspienne.
— — f. cornucopiae *Hauck*	+																Europe, les deux Amériques, Indes orientales, Japon, Mer Caspienne.
— Linza *Ag*			+														Europe, Pérou, Brésil.
— prolifera *Ag*	+																Europe, Indes occidentales.
— ramulosa *Hook*									+								Europe, Afrique boréale, Canaries, États-Unis d'Amérique, Nouvelle-Hollande, Tasmanie, Nouvelle-Zélande.
Hormiscia																	
— Zelleri *De Toni*						+											
— zonata *Aresch*	+																Europe, Amérique boréale, Nouvelle-Zélande.
Gloeotila																	
— mucosa *Kütz*					+												Europe.

Espèces et variétés Indo-Néerlandaises.	Java.	Mer de Java.	Sumbawa.	Bornéo.	Nouvelle-Guinée.	Sumatra.	Célèbes.	Détroit de Macassar.	Moluques.	Timor.	Bali.	Flores.	Mer et Iles Soulou.	Mer de Banda.	Détroit de la Sonde.	Mer d'Harafoera.	Distribution en dehors des Indes-Néerlandaises.
Uronema																	
— confervicolum																	Suède.
— — var. javanicum *Möbius*	+																
Nordstedtia																	
— globosa *Borz*					+												
Stigeoclonium																	
— plumosum *Kütz*					+												
— spicatum *Schmidle*	+					+											Guyane (Cayenne).
Chaetosphaeridium																	
— Pringsheimii *Klebahn*																	Europe.
— — f. confertum *Klebahn*	+																Europe.
Chaetophora																	
— tuberculosa *Hook*	+																Europe, Amérique boréale, Nouvelle-Zélande.
Herposteiron																	
— Braunii *Näg*	+																Europe.
Endoderma																	
— viride *De Toni*	+																Europe.
Conferva																	
— bombycina *Lagerh*			+	+													Europe, Amérique, Afrique.
— moluccana *Ag*								+									
— sandwicensis *Ag*										+	+						Iles Sandwich et Hawaï.
Microspora																	
— floccosa *Thur*	+																Europe, Amérique boréale.
— fontinalis *De Toni*																	Europe.
— — var. ochracea *De Toni*			+														

Espèces et variétés Indo-Néerlandaises.	Java.	Mer de Java.	Sumbawa.	Bornéo.	Nouvelle-Guinée.	Sumatra.	Celebes.	Détroit de Macassar.	Moluques.	Timor.	Bali.	Flores.	Mer et Iles Soulou.	Mer de Banda.	Détroit de la Sonde.	Mer d'Harafuera.	Distribution en dehors des Indes-Néerlandaises.
Trentepohlia																	
— abietina *Hansg.*																	Europe, Amérique boréale.
— crassisepta *Hariot*	+					+	+										
— var. minor *De Wild.*	+						+										
— arborum *Hariot*	+																Europe, Amérique tropicale et méridionale, Asie, Océanie.
— aurea *Mart.*						+											Répandu dans les régions froides, tempérées et tropicales.
— var. polycarpa *Hariot*	+																Régions tropicales.
— bogoriensis *De Wild.*	+																
— Bossei *De Wild.*	+						+										
— cucullata *De Wild.*	+																
— cyanea *Karst.*	+			+													
— dialepta *Hariot*	+			+													Amérique méridionale
— diffusa *De Wild.*	+			+													Ceylan.
— ellipsicarpa *Schmidle*				+													
— effusa *Hariot*	+																Amérique boréale et méridionale, Andaman.
— Jolithus *Wallr.*	+																Europe, Amérique, Océanie.
— lagenifera *Wille*	+					+	+										Europe, Asie, Amérique méridionale.
— Leprieurii *Schmidle*					+												
— luteo-fusca *De Wild.*	+					+											
— minimae *Schmidle*					+												
— monilia *De Wild.*	+																Amérique tropicale et méridionale.
— odorata *Wittr.*	+																Europe, Asie, Amérique boréale.
— procumbens *De Wild.*	+																
— prolifera *De Wild.*	+																
— prostrata *De Wild.*	+																

Espèces et variétés Indo-Néerlandaises.	Java.	Mer de Java.	Sumbawa.	Bornéo.	Nouvelle-Guinée.	Sumatra.	Celebes.	Détroit de Macassar.	Moluques.	Timor.	Bali.	Flores.	Mer et Iles Soulou.	Mer de Banda.	Détroit de la Sonde.	Mer d'Harafoera.	Distribution en dehors des Indes-Néerlandaises.
Trentepohlia																	
— torulosa *De Wild.*	+					+	+										
— Treubiana *De Wild.*	+																
— villosa *De Toni*	+					+											Amérique, Antilles, Océanie, Asie.
— — f. brachymeris *Hariot*						+											
Chroolepus																	
— amboinensis *Karst.*									+								
Cephaleuros																	
— albidus *Karst.*	+																
— levis *Karst.*	+																
— minimus *Karst.*	+																
— parasiticus *Karst.*	+																
— solutus *Karst.*	+																
— virescens *Kunze*	+												+				Répandu dans toutes les régions tropicales.
Phycopeltis																	
— aurea *Karst.*	+																
— maritima *Karst.*	+																
— Treubii *Karst.*	+				+												
Pleurothamnion																	
— papuasicum *Borzi*					+												
Gongrosira																	
— spongophila (*Weber—van Bosse*)						+											
Chaetomorpha																	
— antennina *Kütz.*	+																Océan Pacifique, Océan indien, Amérique tropicale.
— crassa *Kütz.*	+																Europe.

Espèces et variétés Indo-Néerlandaises.	Java. Mer de Java.	Sumbawa.	Bornéo.	Nouvelle-Guinée.	Sumatra.	Célèbes.	Détroit de Macassar.	Moluques.	Timor.	Bali.	Flores.	Mer et Iles Soulou.	Mer de Banda.	Détroit de la Sonde.	Mer d'Harafoera.	Distribution en dehors des Indes-Néerlandaises.
Chaetomorpha																
— javanica *Kütz.*	+							+								Ile Maurice.
— Linum *Kütz.*	+															Europe, Amérique boréale, Mer Rouge.
— tortuosa *Kütz.*	+															Europe, Madères, Barbades, Mer Rouge, Amérique boréale.
Rhizoclonium																
— dimorphum *Wittr.*	+															Suède.
— hieroglyphicum *Stockm.*	+															Europe, Amérique boréale et australe.
— — var. striatum *Schmidle.*					+											
— riparium *Haw.*					+											Europe, Amérique boréale, Montevidéo.
— setaceum *Kütz.*						+										Europe.
— tortuosum *Kütz.*				+												Europe.
Cladophora																
— Beneckei *Möbius.*						+										
— clavata *Möbius.*				+												
— Echinus *Kütz.*	+															Europe.
— var. ungulata *Heydr.*							+									
— elegans *Möbius.*	+															
— fluviatilis *Möbius.*	+															
— glomerata *Kütz.*																Europe, Amérique boréale, Perse.
— — var. genuina *Rabenh.*				+												Europe.
— timorensis *v. Mart.*		+							+							
Siphonocladus																
— exiguus *Möbius.*	+															
— Zollingeri *Born.*	+															

Espèces et variétés Indo-Néerlandaises.	Java.	Mer de Java.	Sumbawa.	Bornéo.	Nouvelle-Guinée.	Sumatra.	Celebes.	Détroit de Macassar.	Moluques.	Timor.	Bali.	Flores.	Mer et Iles Soulou.	Mer de Banda.	Détroit de la Sonde.	Mer d'Harafoera.	Distribution en dehors des Indes-Néerlandaises.
Spongocladia																	
— dichotoma *Murr.* et *B.*				+													
— Vaucheriaeformis *Aresch.*					+												Singapore, Ile Maurice.
Microdictyon																	
— clathratum *v. Mart.*								+				+					Philippines.
Struvea																	
— delicatula *Kütz.*												+					Nouvelle-Calédonie, Australie, Ceylan, Guadeloupe.
— tenuis *Zanard.*					+												
Anadyomene																	
— Arnensis *Zanard.*					+												
— Brownii *J. Ag.*							+										Australie.
— plicata *Ag.*				+	+												
— Wrightii *Haw.*					+												Ceylan.
Dictyosphaeria																	
— favulosa *Decaisne.*					+												Indes occidentales, Floride, Mexique, Guadeloupe, Ste Croix, Ceylan, Mer Rouge, Iles Sandwich, Iles des Amis, Australie, Iles Galega et Réunion.
Valonia																	
— aegayropila *Ag.*				+													Europe, Iles Mascareignes, Iles Sandwich.
— Forbesii *Haw.*				+													Ceylan, Ile Loo-Choo, Iles Sandwich.
— opuntioides *Zanard.*				+													
— subverticillata *Cronen.*													+				Ste Croix, Guadeloupe, Barbades, Brésil.
Pitophora																	
— sumatrana *Wittr.*		+		+													
— clavifera *Schmidle.*				+													

Espèces et variétés Indo-Néerlandaises	Java.	Mer de Java.	Sumbawa.	Bornéo.	Nouvelle-Guinée.	Sumatra.	Celebes.	Détroit de Macassar.	Moluques.	Timor.	Bali.	Flores.	Mer et Iles Soulou.	Mer de Banda.	Détroit de la Sonde.	Mer d'Harafoera.	Distribution en dehors des Indes-Néerlandaises.
Vaucheria																	
— submarina *Lyngb*	+						+										Europe.
Neomeris																	
— dumetosa *Lamour*					+							+					Antilles, Iles de l'Amitié.
— sphaerica *Zanard*					+												
Bornetella																	
— capitata *Ag*					+			+									Iles de l'Amitié.
— nitida *Michalm*							+					+					Iles de l'Amitié, Nouvelle-Hollande.
— oligospora *Solms*					+		+					+					
Cymopolia																	
— van Bossei *Solms*												+					
Chlorodeomis																	
— pachypus *Kjellm*					+												
Bryopsis																	
— plumosa *Ag*	+																Europe, Amérique du Nord, Cap de Bonne-Espérance, Australie, Nouvelle-Zélande.
Caulerpa																	
— Chemnitziana *Lamour*										+							Malabar, Ceylan, Mer Rouge.
— clavifera *Ag*	+					+				+	+						Océans atlantique, Pacifique et Indien, Mer Rouge, Iles Mariannes, Nouvelle-Hollande, Iles de l'Amitié, Tahiti, Valparaiso.
— Freicinetii *Ag*						+				+	+						
— laetevirens *Mont*										+							Ocean pacifique, Nouvelle-Hollande, Iles de l'amitié, Philippines.
— macrodisca *Descaisne*					+												
— papillosa *Ag*										+							Nouvelle-Hollande.
— peltata *Lamour*										+							Iles Mascareignes.

Espèces et variétés Indo-Néerlandaises.	Java.	Mer de Java.	Sumbawa.	Bornéo.	Nouvelle Guinée.	Sumatra.	Celebes.	Détroit de Macassar.	Moluques.	Timor.	Bali.	Flores.	Mer et Iles Soulou.	Mer de Banda.	Détroit de la Sonde.	Mer d'Harafoera.	Distribution en dehors des Indes-Néerlandaises.
Caulerpa																	
— plumaris *Forsk.*										+							Indes occidentales, Guinée, Ceylan, Mer Rouge, Tahiti, Chili.
— plumulifera *Zanard.*					+												
— sedoides *Ag.*	+																Nouvelle Hollande, Tasmanie.
— simpliciuscula *Ag.*										+							Nouvelle-Hollande.
Codium																	
— tomentosum *Stackh.*	+																Europe, Antilles, Floride, Cap de Bonne-Espérance, Iles Nicobar, Barbades, Maurice, Philippines, Mer Rouge.
Penicillus																	
— granulosus *Decaisne*									+								
Rhipidosiphon																	
— javensis *Mont.*	+																
Halimeda																	
— macroloba *Decaisne*									+								Hindoustan, Iles Philippines et de l'Amitié, Ocean Pacifique, Mer Rouge, Madagascar, Nouvelle-Hollande.
— opuntia *L.*	+				+			+		+							Mer Rouge, Ceylan, Nouvelle-Hollande, Barbades, Philippines, Tahiti, Carolines.
— papyracea *Zanard.*					+												Océan Indien et mer adjacentes jusqu'à Suez et la Nouvelle-Hollande.
Phytophysa																	
— Treubii *Web. v. Bosse*	+																
Pandorina																	
— morum *Bory*	+																Europe, Amérique boréale, République Argentine, Afghanistan, Nouvelle-Zélande, Monts Ourals, Sibérie.
Gonium																	
— pectorale *Müller*	+																Europe, Sibérie, Amérique boréale.

Espèces et variétés Indo-Néerlandaises.	Java.	Mer de Java.	Sumbawa.	Bornéo.	Nouvelle Guinée.	Sumatra.	Celèbes.	Détroit de Macassar.	Moluques.	Timor.	Bali.	Flores.	Mer et Iles Soulou.	Mer de Banda.	Détroit de la Sonde.	Mer d'Harafoera.	Distribution en dehors des Indes-Néerlandaises.
Hydrodityon																	
— reticulatum *Lagerh.*	+																Europe, Amérique boréale.
Scenedesmus																	
— opoliensis *Richter*	+																Allemagne.
— obliguus *Kütz.*	+																Europe, Amérique boréale.
— variabilis *De Wild.*																	
— — var. ecornis *Franzé*	+																Europe, Amérique.
— — var. cornutus *Franzé*	+																Europe, Amérique, Antilles, Asie, Nouvelle-Zélande.
Coelastrum																	
— sphaericum *Näg.*						+											Europe, Sibérie, Nouvelle-Zélande, République Argentine.
— subpulchrum *Lagerh.*						+											Europe.
Pediastrum																	
— Boryanum *Turp.*						+											Europe, Asie, Amérique.
— duplex *Meyen*	+																Europe, Amérique.
— — var. asperum *Br.*	+																Europe.
— — var. reticulatum *Lagerh.*	+																Europe.
— Ehrenbergii *Br.*	+																Europe, Iles Sandwich, Brésil, Amérique boréale, Sibérie, Portorico.
Raphidium																	
— polymorphum *Fres.*								+									
— — var. aciculare *Rabenh.*	+																Europe, Amérique boréale.
— — var. fusiforme *Rabenh.*	+																Europe, Amérique boréale et australe.
Ophiocytium																	
— cochleare *Br.*	+						+										Europe, Amérique boréale, Nouvelle-Zélande, Brésil.
— parvulum *Br.*	+						+										Europe, Amérique boréale, Nouvelle-Zélande.

Espèces et variétés Indo-Néerlandaises.	Java.	Mer de Java.	Sumbawa.	Bornéo.	Nouvelle Guinée.	Sumatra.	Célèbes.	Détroit de Macassar.	Moluques.	Timor.	Bali.	Flores.	Mer et Iles Soudou.	Mer de Banda.	Détroit de la Sonde.	Mer d'Harafoera.	Distribution en dehors des Indes-Néerlandaises.
Tetraedron																	
— tumidulum *Hansg.*					+												Allemagne.
— trigonum *Hansg.*	+																Europe, Asie, Amérique.
— — f. minus *Reinsch*	+																Allemagne.
Characium																	
— minutum *Br.*	+																Europe.
Tetrasporidium																	
— javanicum *Möbius*	+																
Tetraspora																	
— bullosa *Ag.*			+														Europe, Amérique boréale.
— gelatinosa *Desv.*				+													Europe, Amérique boréale.
Pleurococcus																	
— vulgaris *Menegh.*	+																Europe.
Stichococcus																	
— flaccidus *Gay*				+													Europe, Amérique boréale.
Gloeocystis																	
— gigas *Lagerh.*					+												Europe, Amérique boréale.
Chara																	
— brachypus *A. Br.*										+							Afrique, Asie.
— coronata var. leptosperma *A. Br.*																	Japon, Chine.
— — f. javanica *Nordst.*	+																
— gymnopitys *A. Br.*										+							Asie, Australie.
— — f. longibracteata *Nordst.*										+							
— — f. brevibracteata *Nordst.*			+			+											
— — f. aeguistriata *Nordst.*				+													

Espèces et variétés Indo-Néerlandaises.	Java.	Mer de Java.	Sumbawa.	Bornéo.	Nouvelle-Guinée.	Sumatra.	Celebes.	Détroit de Macassar.	Moluques.	Timor.	Bali.	Flores.	Mer et Iles Soulou.	Mer de Banda.	Détroit de la Sonde.	Mer d'Harafoera.	Distribution en dehors des Indes-Néerlandaises.
Chara																	
— gymnopus *A. Br.*																	Afrique.
— — var. ceylonica *Br. et Nordst.*											+						Ceylan.
Nitella																	
— acuminata *A. Br.*											+						Brésil, Martinique, Ile de France, Afrique.
— — var. indica *Br.*	+								+								
— axillaris *Br.*	+																Amérique boréale et australe.
— — var. javanica *Br.*	+																
— obigospira *Br.*	+																Asie.
— — f. javanica *Nordst.*	+									+							
— polyglochin *Br.*											+						
— — var. Zollingeri *Br.*			+	+													
— pseudoflabellata *Br.*	+																
Mongeotia																	
— genuflexa *Ag.*	+																Europe, Amérique boréale.
— sumatrana *Schmidle.*						+											
Mesocarpus																	
— parvulus *Hass.*																	Europe, Amérique boréale.
— — var. angustus *Kirchn.*	+																Europe, Amérique boréale.
Zygnema																	
— javanicum *De Toni.*	+																
— tropicum *v. Martens.*				+													
— cricetorum *De Toni.*	+																Europe, Amérique boréale.
Spirogyra																	
— decimina *Kütz.*			+														Europe, Amérique boréale, Algérie.

Espèces et variétés Indo-Néerlandaises.	Java.	Mer de Java.	Sumbawa.	Bornéo.	Nouvelle Guinée.	Sumatra.	Celebes.	Détroit de Macassar.	Moluques.	Timor.	Bali.	Flores.	Mer et Iles Soulou.	Mer de Banda.	Détroit de la Sonde.	Mer d'Harafoera.	Distribution en dehors des Indes-Néerlandaises.
Spirogira																	
— majuscula *Kütz*	+																Europe, Amérique boréale.
— — var. minor *Wittr. et Nordst*	+																Suède.
— nitida *Link*	+					+											Europe, Amérique boréale, Algérie.
— setiformis *Kütz*	+																Europe, Amérique boréale.
— variabilis *De Wild*	+																
Desmidium																	
— aptogonum *Bréb*	+																Europe, Bengale.
— — var. acutius f. trigona *Nordst*	+																
— Baileyi *Nordst*	+																Amérique boréale et australe, Sénégal, Bengale.
— — var. coelatum *Nordst*	+																Europe, Asie, Sénégal, Bengale.
— — var. undulatum *Schmidle*						+											
— tetragonum *Schaarschm*	+																Italie, Birmanie.
Hyalotheca																	
— dissiliens *Bréb*	+																Europe, Amérique boréale, Sibérie, Thibet, Indes orientales.
— mucosa *Ehrenb*	+																Europe, Sibérie, Brésil, Amérique boréale, Indes orientales.
Sphaerozosma																	
— excavatum *Ralfs*	+																Europe, Amérique boréale, Indes orientales.
— f. javanicum *Nordst*	+																
— granulatum *Roy et Biss*	+																Ecosse, Japon, Nouvelle-Zélande.
— vertebratum *Ralfs*	+																Europe, Amérique boréale.
Onychonema																	
— leve *Nordst*																	Brésil, Birmanie, Cuba, Bengale.
— — var. micranthum *Nordst*	+																Puerto-Rico, Japon.

Espèces et variétés Indo-Néerlandaises.	Java.	Mer de Java.	Sumbawa.	Bornéo.	Nouvelle-Guinée.	Sumatra.	Célèbes.	Détroit de Macassar.	Moluques.	Timor.	Bali.	Flores.	Mer et Iles Soulou.	Mer de Banda.	Détroit de la Sonde.	Mer d'Harafoera.	Distribution en dehors des Indes-Néerlandaises.
Gymnozyga																	
— moniliformis *Ehrenb.*	+																Europe, Amérique boréale, Birmanie, Brésil, Sibérie, Iles Sandwich, Nouvelle-Zélande, Indes orientales.
Gonatyzogon																	
— Ralfsii *De Bary*	+					+											Europe, Sibérie, Iles Sandwich, Indes orientales.
Mesotaenium																	
— Endlicherianum *Näg.*	+																Europe, Amérique boréale.
Cylindrocystis																	
— Brebissonii *Menegh.*	+																Europe, Amérique boréale et australe, Sibérie, Asie.
Closterium																	
— acerosum *Ehrenb.*	+																Europe, Amérique boréale, Republique Argentine, Indes orientales, Japon, Birmanie, Sibérie, Nouvelle-Zélande.
— acutum *Bréb.*	+					+											Europe, Amérique boréale, Birmanie, Nouvelle-Zélande.
— cynthia *De Not.*						+											Europe, Nouvelle-Zélande, Himalaya, Malabar.
— Delpontei *De Toni*	+					+											Europe.
— gracile *Bréb.*						+											Europe, Amérique boréale, Nouvelle-Zélande.
— Kützingii *Bréb.*	+																Europe, Groenland, Amérique boréale, Nouvelle-Zélande, Japon.
— Qeibleinii *Kütz.*	+																Europe, Amérique boréale, Porto-Rico, Uruguay, Brésil, Birmanie, Mongolie, Japon.
— — f. Borgesenii *Schmidle*						+											
— lineatum *Ehrenb.*						+											Europe, Amérique boréale, Japon, Nillgherrés.
— Massarti *De Wild.*	+																
— moniliferum *Ehrenb.*	+																Europe, Amérique boréale et australe, Sibérie, Japon, Nouvelle-Zélande, Iles Sandwich.
— parvulum *Näg.*	+					+											Europe, Sibérie, Groenland, Amérique boréale, Iles Sandwich.

Espèces et variétés Indo-Néerlandaises.	Java.	Mer de Java.	Sumbawa.	Bornéo.	Nouvelle-Guinée.	Sumatra.	Celebes.	Détroit du Macassar.	Moluques.	Timor.	Bali.	Flores.	Mer et Iles Soulou.	Mer de Banda.	Détroit de la Soude.	Mer d'Harafoera.	Distribution en dehors des Indes-Néerlandaises.
Closterium																	
— setaceum *Ehrenb.*						+											Europe, Amérique boréale, Birmanie, Japon, Nouvelle-Zélande, Iles Sandwich.
Penium																	
— didymocarpum *Lund.*	+																Europe.
— javanicum *De Wild.*	+																
— polymorphum *Perty.*	+																Europe, Amérique boréale.
Triploceras																	
— gracile *Bail.*	+																Amérique boréale, Nouvelle-Zélande.
Docidium																	
— alternans *Nordst.*	+																Brésil, Sénégal.
— Baculum *Bréb.*	+																Europe, Amérique boréale, Birmanie, Bengale.
— coronulatum *Grun.*						+											Amérique boréale, Indes orientales.
— denticulatum *Grun.*						+											Indes orientales, Himalaya.
— dubium *De Wild.*	+																
— subcoronulatum *Turn.*	+																Indes orientales.
— verrucosum *Bail.*	+																Amérique boréale.
Disphinctium																	
— connatum *De Bary.*																	Europe, Amérique boréale, Nouvelle-Zélande, Sénégal, Iles Sandwich.
— — f. sumatranum *Schmidle.*						+											
— subglobosum *De Toni.*						+											Iles Sandwich.
Pleurotaenium																	
— Ehrenbergii *Delp.*	+					+											Europe, Amérique boréale, Nouvelle-Zélande, Sénégal.
— — var. undulatum *Schaarschm.*						+											Hongrie.
— indicum *Lund.*	+					+											Europe, Birmanie.

Espèces et variétés Indo-Néerlandaises	Java.	Mer de Java.	Sumbawa.	Bornéo.	Nouvelle-Guinée.	Sumatra.	Célèbes.	Détroit de Macassar.	Moluques.	Timor.	Bali.	Flores.	Mer et Iles Soulou.	Mer de Banda.	Détroit de la Sonde.	Mer d'Harafoera.	Distribution en dehors des Indes-Néerlandaises.
Pleurotaenium																	
— nodosum *Lund.*	+																Europe, Amérique boréale, Nouvelle-Zélande. Birmanie.
— ovatum *Nordst.*	+																Brésil, Nouvelle-Zélande, Cap de Bonne-Espérance.
— trabecula *Nag.*	+																Europe, Nouvelle-Zemble, Amérique boréale et australe, Iles Sandwich, Sibérie, Nouvelle-Grenade. Indes orientales.
Pleurotaeniopsis																	
— javanica *De Toni*	+																
— striolata *Lund.*	+																Europe.
— subturgidum *Schmidle*	+																Indes Anglaises.
— — f. minor *Schmidle*							+										
— tessellata *De Toni*	+																Europe.
Xanthidium																	
— acanthophorum *Nordst.*	+																Birmanie.
— antilopaeum *Kütz.*	+																Europe, Amérique boréale, Japon, Sibérie, Birmanie.
— — var. hirsutum f. javanicum *Nordst.*	+																Cuba, Birmanie.
Cosmarium																	
— aequale *Turn.*							+										Indes orientales.
— angulatum *Perty*							+										Europe, Indes orientales.
— Askenasyi *Schmidle*	+																
— auriculatum *Reinsch*	+																Allemagne.
— biretum *Bréb.*	+																Europe, Amérique boréale.
— Boldtianum *Gutw.*	+																Europe.
— Botrytis *Menegh.*							+										Europe, Spitsberg, Nouvelle-Zemble, Amérique boréale et australe, Japon, Nouvelle-Zélande.
— Broomei *Thwaites*	+																Europe.

Espéces et variétés Indo-Néerlandaises.	Java.	Mer de Java.	Sumbawa.	Bornéo.	Nouvelle-Guinée.	Sumatra.	Célebes.	Détroit de Macassar.	Moluques.	Timor.	Bali.	Flores.	Mer et Iles Soulou.	Mer de Banda.	Détroit de la Sonde.	Mer d'Harafoera.	Distribution en dehors des Indes-Néerlandaises.
Cosmarium																	
— conspersum *Ralfs*	+																Europe, Nouvelle-Zemble, Amérique boréale, Brésil, Japon.
— granatum *Bréb.*	+																Europe, Nouvelle-Zemble, Amérique boréale, Sibérie, Birmanie.
— Hammeri *Reinsch*	+																Europe, Amérique boréale, Birmanie.
— — f. acutum *Turn.*						+											Indes orientales.
— — f. abscissa *Schmidle*						+											Indes orientales.
— maculatiforme *Schmidle*						+											
— margaretiferum *Menegh.*						+											Europe, Sibérie, Groenland, Amérique boréale, Mexique, Brésil.
— microsphinctum *Nordst.*																	Europe.
— — var. parvulum *Wolle*						+											Amérique boréale.
— obsoletum *Reinsch*	+					+											Europe, Brésil, Birmanie.
— pachydermum *Lund*						+											Europe, Sibérie, Amérique boréale, Birmanie, Japon.
— porrectum *Nordst.*	+																Brésil.
— pulcherrimum *Nordst*																	Europe, Cap de Bonne-Espérance, Amérique boréale.
— — var. truncatum f. minor *Schmidle*						+											
— quadrum *Lund*						+											Europe, Bengale.
— quinarium *Lund*																	Europe.
— — var. circulare *Nordst.*	+																
— subcrenatum *Hautsch*						+											Europe, Amérique boréale et australe.
— subtumidum *Nordst.*																	Europe.
— — var. platydesmium *Nordst.*	+																Birmanie.
— subturgidum *Schmidle*																	Indes orientales.
— — f. minor *Schmidle*						+											
— sulcatum *Nordst.*																	Hawai.
— — var. sumatramum *Schmidle*						+											

Espèces et variétés Indo-Néerlandaises.	Java.	Mer de Java.	Sumbawa.	Bornéo.	Nouvelle Guinée.	Sumatra.	Célèbes.	Détroit de Macassar.	Moluques.	Timor.	Bali.	Flores.	Mer et Iles Soulou.	Mer de Banda.	Détroit de la Sonde.	Mer d'Harafoera.	Distribution en dehors des Indes-Néerlandaises.
Cosmarium																	
— supraspeciosum *Wolle*						+											Amérique boréale.
— taxichondrum *Lund.*	+																Europe, Amérique boréale.
— titophorum *Nordst.*	+																
— undulatum *Corda.*	+																Europe, Amérique boréale, Nouvelle-Zélande.
— — f. subundulata *Schmidle.*	+																
— venustum *Arch.*						+											Europe, Amérique boréale, Birmanie.
— — f. minor *Wille.*						+											
— — var. induratum *Nordst.*	+																Nouvelle-Zélande.
Arthrodesmus																	
— convergens *Ehrenb.*	+																Europe, Amérique boréale, Bengale.
Euastrum																	
— ansatum *Ralfs*	+					+											Europe, Amérique boréale, Brésil, Japon, Birmanie, Sibérie, Hawai, Nouvelle-Zélande.
— binale *Ralfs*	+																Europe, Jamaïque, Amérique boréale, Brésil, Birmanie, Hawai, Afrique centrale.
— circulare *Hass.*	+																Europe, Amérique boréale.
— denticulatum *Gay.*	+																Europe, Nouvelle-Zélande.
— obesum *Joshua.*	+																Birmanie.
— orbiculare *Wall.*						+											Indes orientales, Brésil, Malabar, Khasia.
— quadratum *Nordst.*	+																Brésil.
— — var. javanicum *Nordst.*	+																
— spinulosum *Delp.*	+																Italie, Japon, Brésil.
— — subsp. africanum *Nordst.*	+																Cap de Bonne-Espérance, Japon.
— — subsp. inermius *Nordst.*	+																Japon, Birmanie.

Espèces et variétés Indo-Néerlandaises.	Java.	Mer de Java.	Sumbawa.	Bornéo.	Nouvelle Guinée.	Sumatra.	Celebes.	Détroit de Macassar.	Moluques.	Timor.	Bali.	Flores.	Mer et Iles Soulou.	Mer de Banda.	Détroit de la Sonde.	Mer d'Haraloera.	Distribution en dehors des Indes-Néerlandaises.
Euastrum																	
— substellatum *Nordst.*	+																Birmanie, Khasia.
— turgidum *Wall.*						+											Bengal, Birmanie.
— — var. Grunowii *Turn.*	+					+											Indes orientales.
Micrasterias																	
— denticulata *Ralfs.*						+											Europe, Amérique boréale, Japon.
— foliacea *Bail.*	+																Amérique boréale.
— Mahabuleshwarensis *Hobs.*	+																Indes, Amérique boréale, Birmanie, Bengale.
— — var. surculifera *Lagerh.*	+																Bengale.
— oscetans *Ralfs.*																	Europe, Amérique boréale.
— — var. pinnatifida *Rabenh.*	+																Europe.
— Wallichii *Grun.*								+									
Staurastrum																	
— alternans *Bréb.*	+																Europe, Amérique boréale, Nouvelle-Zemble, Nouvelle-Zélande.
— basidentatum *Borge.*																	Europe.
— — var. basigranulatum *Schmidle.*								+									
— — var. simplex *Borge.*																	Europe.
— — — f. trigona *De Wild.*	+																
— bifidum *Bréb.*	+																Europe, Sibérie, Japon, Bengale.
— margaritaceum *Menegh.*	+																Europe, Groenland, Sibérie, Amérique boréale, Brésil, Iles Hawai.
— muticum *Bréb.*	+																Europe, Amérique boréale, Brésil, Sibérie, Iles Hawai.
— proboscideum *Arch.*																	Europe.
— — var. javanicum *Nordst.*	+																
— pygmaeum *Bréb.*																	Europe, Groenland, Amérique boréale, Sibérie.
— — var. obtusum *Wille* forma					+												

Espèces et variétés Indo-Néerlandaises.	Java.	Mer de Java.	Sumbawa.	Bornéo.	Nouvelle Guinée.	Sumatra.	Celebes.	Détroit de Macassar.	Moluques.	Timor.	Bali.	Flores.	Mer et Iles Soudou.	Mer de Banda.	Détroit de la Sonde.	Mer d'Harafoera.	Distribution en dehors des Indes-Néerlandaises.
Staurastrum																	
— sexangulare *Lund*.	+																Europe.
— sunderbundense *Turn*.						+											Indes orientales.
— — f. minor *Schmidle*.						+											
Navicula																	
— abrupta *Donk*.					+		+										Europe, Mer Rouge, Chine.
— advena *Schmidt*.	+																Cap de Bonne-Espérance.
— aegyptiaca *Grev*.							+										Egypte.
— aemula *Grun*.									+								Europe, Baie de Campêche, Mer de Kara, Amérique boréale, Iles Vierges.
— — var. major *Cl. et Grove*.							+										
— amphisbaena *Bory*.	+																Europe, Amérique boréale.
— — var. Fenzlii *v. H*.	+																Europe.
— anomala *De Toni*.	+																
— appendiculata	+																Europe.
— — var. exilis *Grun*.	+																Europe.
— approximata *Grev*.					+												Californie, Floride, Connecticut, Ceylan, Madagascar, Tahiti.
— arabica *Grun*.	+																Zanzibar.
— aspera *Ehrenb*.					+												Europe, Amérique boréale, Cap Horn, Ceylan, Aden, Australie.
— — var. angusta *Cleve*.	+																Colon.
— — var. perobliqua *Cleve*.							+										
— — var. vulgaris *Cleve*.	+																Mer du Nord, Cap de Bonne-Espérance, Amérique boréale, Nouvelle-Zélande, Samoa, Nouvelle-Calédonie, Galapagos.
— Barbitos *Schmidt*.					+												Singapore, Cebu.
— Barclayana *Greg*.	+																
— Beyrichiana *Schmidt*.	+																Europe.

Espèces et variétés Indo-Néerlandaises.	Java.	Mer de Java.	Sumbawa.	Bornéo.	Nouvelle Guinée.	Sumatra.	Celebes.	Détroit de Macassar.	Moluques.	Timor.	Bali.	Flores.	Mer et Iles Soulou.	Mer de Banda.	Détroit de la Sonde.	Mer d'Harafoera.	Distribution en dehors des Indes-Néerlandaises.
Navicula																	
— biclavata *Cl. et Grun*								+									
— binaria *Schmidt*	+																Baie de Campêche, Baléares, Europe, Port Jackson, Galapagos.
— bioculata *Grun*													+				
— bipunctata *O'Meara*																	Europe, Ceylan, Seychelles, Tahiti.
— blanda *Schmidt*				+					+								Honduras.
— Bleischiana *Jan. et Rab*						+											
— bombiformis *Leud.-Fortm*	+																Europe, Honduras, Amérique boréale, Madagascar, Samoa, Galapagos, Cap Horn, Brésil, Amérique boréale.
— bombus *Kütz*						+											Europe, Amérique, Japon, Iles St. Paul, Sandwich, Australie, Nouvelle-Zélande, St. Vincent.
— borealis *Kütz*	+																Europe, Amérique.
— — var. subacuta *De Toni*	+																Brésil, Amérique boréale, Bab-el-Mandeb, Zanzibar, Madagascar, Ceylan, Singapore, Chine, Japon, Nouvelle-Calédonie, Samoa, Sandwich.
— brasiliensis *Grun*				+		+											Europe, Sydney.
— brevis *Grey*						+											Europe, Australie, Samoa, Japon, Ceylan.
— bullata *Norm*						+		+									Californie, Ceylan, Cap Horn, Colon, Baie de Campêche.
— californica *Grev*								+									
— caliginosa *Cl. et Grove*	+			+			+										Baie de Campêche, Bab-el-Mandeb, Seychelles, Madagascar, Philippines, Tahiti, Galapagos, Mazatlan, Cap Horn.
— Camphylodiscus *Grun*				+		+											Europe, Mer de Kara, Bab-el-Mandeb, Madagascar, Chine, Galapagos.
— cancellata *Donk*				+		+											Zanzibar, Indes orientales, Floride, Port Jackson.
— caribaea *Cleve*				+													Baie de Campêche, Jamaique, Baléares, Floride.
— carinifera *Grun*						+											Jamaique.
— — var. densiusstriata *Grun*						+											

Espèces et variétés Indo-Néerlandaises.	Java.	Mer de Java.	Sumbawa.	Bornéo.	Nouvelle-Guinée.	Sumatra.	Celebes.	Détroit de Macassar.	Moluques.	Timor.	Bali.	Flores.	Mer et Iles Soulou.	Mer de Banda.	Détroit de la Sonde.	Mer d'Harafoera.	Distribution en dehors des Indes-Néerlandaises.
Navicula																	
— Castracanei *Grun.*			+														Australie.
— chimmoana *O'Meara*													+				
— circumvallata *De Wild.*				+													
— clavata *Greg.*	+					+											Indes occidentales, Amérique boréale, Europe, Mer Rouge, Seychelles, Madagascar, Ceylan, Singapore, Chine, Japon, Samoa, Galapagos.
— — var. rhombica					+												Europe, Maroc, Galapagos.
— — f. minuta *Cleve*			+														Seychelles.
— claviculus *Ralfs*	+																Europe, Baléares.
— — var. javanica *De Wild.*	+																
— coarctata *Ehrenb.*							+										Baie de Campêche, Cap Horn.
— colleiformis *Schmidt*								+									Calédonie, Europe.
— consors *Schmidt*	+																Samoa, Sandwich, Singapore, Ceylan.
— constricta *Grun.*	+																Europe, Ceylan, Floride.
— crabro *Kütz.*	+			+			+										Europe, Cap de Bonne-Espérance, Cap Horn, Ceylan, St. Paul.
— — var. Pandura *Rabenh.*	+		+					+									Europe, Ceylan, Mer Rouge, Madagascar, Iles de la Société, Galapagos, Détroit de Magallan, Amérique boréale, Indes occidentales.
— — var. didelta *De Wild.*			+														Zanzibar, Iles de la Société.
— — var. expleta *De Wild.*							+										Gallapagos.
— — var. subelliptica *De Wild.*								+									Europe, Amérique boréale et australe, Japon.
— cryptocephala *Kütz.*	+																Europe, Amérique boréale et tropicale, Guyane, Japon, Bengale, Nouvelle-Zélande, Australie.
— cuspidata *Kütz.*	+																Europe, Mer Rouge, Seychelles, Madagascar, Tahiti, Indes occidentales.
— cynthia *Schmidt*	+																
— — var. elongata *De Wild.*	+																

Espèces et variétés Indo-Néerlandaises.	Java.	Mer de Java.	Sumbawa.	Bornéo.	Nouvelle-Guinée.	Sumatra.	Celebes.	Détroit de Macassar.	Moluques.	Timor.	Bali.	Flores.	Mer et Iles Soulou.	Mer de Banda.	Détroit de la Sonde.	Mer d'Harafoera.	Distribution en dehors des Indes-Néerlandaises.
Navicula																	
— dalmatica *Grun.*								+									Dalmatie, Baléares, Maroc, Bab-el-Mandeb, Baie de Campêche.
— decussata *Kütz.*						+											Indes orientales, Nouvelle-Zélande.
— delata *Schmidt.*						+											Japon, Europe, Samoa, Colon.
— dicephala *Ehrenb.*	+					+											Europe, Amérique boréale et australe, Japon, Kamtschatka.
— didyma *Ehrenb.*						+											Europe, Amérique boréale, Mexique, Afrique, Ceylan, Tahiti, Japon, Cap Horn, Indes orientales, Mediterranée, Golfe du Mexique.
— diffusa *Schmidt.*																	
— — var. minor *Cleve.*	+																
— Digitus *Ralfs.*	+																
— diplosticta *Grun.*	+																Baie de Campêche, Mexique, Samoa, Cap Horn.
— directa *Ralfs.*	+						+										Europe, Honduras.
— — var. javanica *Cleve.*	+		+														
— dirrhombus *Schmidt.*			+				+										Golfe du Mexique, Pelew Island.
— diplosticta *Grun.*							+										Golfe du Mexique, Baie de Campêche, Samoa, Cap Horn.
— divergens *Ralfs.*	+																Europe.
— divisa *Schmidt.*	+																
— Durandii *Kitt.*	+					+											Singapore.
— — var. intermedia *Castr.*	+																Singapore.
— — var. bullata *Castr.*	+																
— elegans *Smith.*						+											Europe.
— elliptica *Kütz.*	+					+											Europe, Afrique, Amérique boréale.
— — var. minutissima *Grun.*						+											Europe, Amérique boréale.
— elongata *Grun.*						+											Amérique boréale, Europe, Mer Rouge, Ceylan, Singapore, Japon, Galapagos.

Navicula

Espèces et variétés Indo-Néerlandaises.	Java.	Mer de Java.	Sumbawa.	Bornéo.	Nouvelle-Guinée.	Sumatra.	Celebes.	Détroit de Macassar.	Moluques.	Timor.	Bali.	Flores.	Mer et Iles Soulou.	Mer de Banda.	Détroit de la Sonde.	Mer d'Harafoera.	Distribution en dehors des Indes-Néerlandaises.
entomon Ehrenb.	+					+											Europe, Malouines, Amérique boréale, Kara, Samoa, Sydney, Chine, Japon, Pérou.
— exempta Schmidt						+											Baie de Campêche, Europe, Successful Bay, Tahiti, Kerguelen, Tamatave.
— expedita Schmidt	+																Espagne.
— expleta Schmidt							+										Irlande, Zanzibar, Iles de la Société
— exsul Schmidt				+													Baie de Campêche, Baléares, Seychelles, Galapagos, Floride.
— forcipata Grev.						+											Europe, Iles Nicobar, Mer Rouge, Cap de Bonne-Espérance, Philippines, Amérique boréale, Galapagos.
— — var. densestriata Schmidt	+																Yokohama, Baie de Campêche, Europe, Japon, Cap de Bonne-Espérance.
— — var. nummularia Cleve	+																Sanseyo, Bab-el-Mandeb, Madagascar, Cap de Bonne-Espérance.
— — var. versicolor Cleve						+											Sanseyo, Soelsing, Europe.
— formosa Greg.	+																Europe, Cap Horn, Ceylan, Amérique boréale, Sierra-Leone, Ceylan, Sydney, Sandwich, Cameron.
— fortis Grun.						+											Europe.
— fusca Ralfs						+											Europe, Japon.
— — var. delicatula Schmidt	+					+											Europe.
— — var. subrectangularis De Wild.						+											Europe.
— gastrum Ehrenb.	+																Europe, Asie, Mer de Kara, Nouvelle-Zélande, Illinois.
— gemmata Greg.	+					+											Californie.
— — f. minuta De Wild.								+									
— — var. spectabilis Grun.			+														Europe.
— — gibba Kütz.	+																Europe, Amérique boréale et australe.
— — var. brevistriata Leud.-Fortm.			+			+											Europe.

Espèces et variétés Indo-Néerlandaises.	Java.	Mer de Java.	Sumbawa.	Bornéo.	Nouvelle-Guinée.	Sumatra.	Celebes.	Détroit de Macassar.	Moluques.	Timor.	Bali.	Flores.	Mer et Iles Soulou.	Mer de Banda.	Détroit de la Sonde.	Mer d'Harafoera.	Distribution en dehors des Indes-Néerlandaises.
Navicula																	
— gracillima *Greg.*	+					+											Europe et Amérique.
— gracilis *Kütz.*																	Europe, Amérique boréale.
— — var. schizonemoides *v. H.*						+											Belgique, Angleterre.
— Graeffii *Grun.*	+		+	+			+										Samoa, Madagascar, Manille, Japon, Tahiti, Baie de Campêche, Cap de Bonne-Espérance, Samoa, Bab-el-Mandeb, Seychelles.
— granulata *Bréb.*	+					+											Europe, Ceylan, Madagascar.
— — var. javanica *Leud.-Fortm.*	+																
— Grunowiana *De Toni*							+										Europe.
— Grunowii *Rabenh.*																	Europe, Japon.
— Guinardiana *Brun*				+				+									Madagascar.
— Hennedyi *Smith*	+						+										Cap de Bonne-Espérance, Chine, Japon, Californie, Galapagos, Europe, Ceylan, Yokohama, Cap Horn, Golfe d'Aden, Kara, Madagascar, Philippines, Indes occidentales.
— — var. granulata *Grun.*	+						+										Yokohama, Ceylan.
— Hochstetteri *Grun.*	+																Iles Nicobar, Australie, Californie, Cap Horn, Brésil.
— hospes *Schmidt*	+																Samoa.
— humerosa *Bréb.*	+			+		+											Europe, Amérique boréale, Nicobar, Sydney, Cameroon, Mer Rouge, Ceylan, Kara, Mer Rouge, Seychelles.
— impleta *Cl. et Grove*								+									
— impressa *Grun.*			+														Baie de Campêche.
— incus *Grun.*			+			+											Europe, Colon.
— interrupta *Kütz.*																	Europe, Cap de Bonne-Espérance, Amérique boréale, Iles Nicobar, Kamortha, Mer Rouge, Australie.
— inflexa *Ralfs*	+					+											Europe, Mer de Kara.

Espèces et variétés Indo-Néerlandaises.	Java.	Mer de Java.	Sumbawa.	Bornéo.	Nouvelle-Guinée.	Sumatra.	Celebes.	Détroit de Macassar.	Moluques.	Timor.	Bali.	Flores.	Mer et Iles Soulou.	Mer de Banda.	Détroit de la Sonde.	Mer d'Harafoera.	Distribution en dehors des Indes-Néerlandaises.
Navicula																	
— Iridis *Ehrenb.*																	Europe, Amérique boréale et australe, Terre de Francois-Joseph, Australie.
— — var. affinis *v. H.*	+																Europe, Amérique boréale et australe.
— irrorata *Grev.*	+																Californie, Floride, Golfe du Mexique, Baie de Campêche, Sydney, Indes occidentales.
— javanensis *Leud.-Fortm.*	+																
— jejuna *Schmidt*	+						+	+									Sumatra, Singapore, Japon.
— Johnsoniana *Grev.*	+																Nouvelle-Zélande, Queensland, Port Jackson, Japon.
— kamorthensis *Grun.*	+																Ile Kamortha.
— Kirchenpauerii *De Toni*	+																Honduras.
— laciniosa *Schmidt*	+																
— lacrymans *Schmidt*		+															Golfe du Mexique, Baie de Campêche, Tamatave.
— lanceolata *Kütz.*																	Europe, Amérique, Iles de la Trinité, Japon, Australe.
— — var. arenaria *v. H.*																	Europe.
— lesinensis *(Grun.)*					+												
— Liber *Smith*							+										Europe.
— — var. excentrica *De Wild,*	+																Europe, Japon, Samoa, Colon.
— — var. genuina *De Wild*																	Europe, Mer Rouge, Seychelles, Cap de Bonne-Espérance, Ceylan, Singapore, Sydney, Port Jackson, Tasmanie, Philippines, Japon, Baie de Campêche.
— — — f. tenuistriata *De Wild*				+													Sandwich.
— limitanea *Schmidt*	+	+															Seychelles, Singapore, Chine, Kerguelen.
— limosa *Kütz.*	+																Europe, Amérique.
— longa *Ralfs*	+																Europe, Ceylan.
— Lunula *Cleve.*	+																

Espèces et variétés Indo-Néerlandaises.	Java.	Mer de Java.	Sumbawa.	Bornéo.	Nouvelle-Guinée.	Sumatra.	Celebes.	Détroit de Macassar.	Moluques.	Timor.	Bali.	Flores.	Mer et Iles Soulou.	Mer de Banda.	Détroit de la Sonde.	Mer d'Harafoera.	Distribution en dehors des Indes-Néerlandaises.
Navicula																	
— lyra *Ehrenb*	+				+												Europe, Mer Rouge, Amérique boréale, Honduras, Iles Falkland, Cap de Bonne-Espérance, Iles Nicobar.
— — var. subcarinata *Grun*	+				+												Samoa, Ceylan, Seychelles, Singapore, Philippines, Samoa, Tahiti.
— — var. australica *Schmidt*	+																St. Vincent.
— — var. dubia *Leud.-Fortm*																	
— — var. Ehrenbergii *Cleve*																	Europe, Mer Rouge, Madagascar, Chine, Japon, Australie, Samoa, Galapagos, Honduras, Amérique boréale et australe.
— — var. elliptica *Schmidt*					+												Europe, Mer Rouge, Ceylan, Madagascar, Seychelles, Philippines, Singapore.
— Macraei *Rabenh*						+											Ceylan, Iles Vierges.
— Madagascariensis *Cleve*	+																Madagascar, Ceylan.
— major *De Wild*								+									Europe, Maroc, Madagascar, Chine, Japon, Australie.
— maxima *Greg*	+																Europe, Mer Rouge, Seychelles, Cap de Bonne-Espérance, Ceylan, Sydney, Singapore, Australie, Tasmanie, Japon, Baie de Campêche.
— — f. lanceolata *De Wild*								+									Mazatlan.
— — var. umbilicata *Grun*					+												Europe, Bab-el-Mandeb, Ceylan.
— mediterranea *Kütz*	+																Europe.
— mesolepta *Ehrenb*	+																Europe, Guyane, Nouvelle-Zélande.
— — var. nodosa *Brun*	+																Europe.
— — var. Termes *v. H*	+																Europe.
— mina *Leud.-Fortm*	+																
— mirabilis *Leud.-Fortm*		+															Ceylan, Manille.
— multicostata *Grun*	+		+														Europe, Cap Horn, Mer Rouge, Madagascar, Ceylan, Samoa, Sandwich, Galapagos, Indes occidentales.

Espèces et variétés Indo-Néerlandaises.	Java.	Mer de Java.	Sumbawa.	Bornéo.	Nouvelle-Guinée.	Sumatra.	Celebes.	Détroit de Macassar.	Moluques.	Timor.	Bali.	Flores.	Mer et Iles Soulou.	Mer de Banda.	Détroit de la Sonde.	Mer d'Harafoera.	Distribution en dehors des Indes-Néerlandaises.
Navicula																	
— musca *Grey*																	Europe, Bab-el-Mandeb, Ceylan, Seychelles, Chine, Japon, Galapagos, Porto Seguro, Indes occidentales.
— — var. intermedia *Schmidt*			+														Manille, Samoa.
— muscaeformis *Grun*	+																Mer Caspienne, Baie de Campêche.
— — var. genuina *De Wild*	+																Baie de Campêche.
— mutica *Kütz*			+		+												Europe.
— — var. ventricosa *Kütz*	+																Europe, Argentine.
— Neumeyeri *Janisch*					+												Cap Horn.
— nicobarica *Grun*	+				+	+											Nicobar, Ceylan, Cap de Bonne-Espérance, Cap Horn.
— nitescens *Ralfs*	+		+		+												Europe, Maroc, Seychelles, Madagascar, Singapore, Sandwich, Colon, Baie de Campêche.
— nobilis *Kütz*	+																Europe, Afrique, Amérique boréale.
— notabilis *Grev*	+				+												Europe.
— — f. expleta *Schmidt*	+			+													Europe, Mer Rouge, Ceylan, Madagascar, Cap de Bonne-Espérance, Sandwich, Brésil, Indes occidentales.
— novae-guineensis *Temp*					+												
— Ny *Cleve*	+																
— oblonga *Kütz*	+																Europe, Amérique boréale et australe.
— O'Meari *Grun*				+													Seychelles, Australie.
— — var. labuensis *Cleve*				+													
— — var. minor *Cleve*				+													Australie.
— ophiocephala *Cleve et Grove*	+					+		+									Singapore.
— oscitans *Schmidt*								+									Baléares.
— — var. subundulata *Cl. et Gr*								+									

Espèces et variétés Indo-Néerlandaises.	Java.	Mer de Java.	Sumbawa.	Bornéo.	Nouvelle Guinée.	Sumatra.	Celebes.	Détroit de Macassar.	Moluques.	Timor.	Bali.	Flores.	Mer et Iles Soulou.	Mer de Banda.	Détroit de la Sonde.	Mer d'Harafoera.	Distribution en dehors des Indes-Néerlandaises.
Navicula																	
— Ovulum *Grun.*	+																Europe.
— palpebralis *Bréb.*	+					+											Europe, Détroit de Davis.
— parvula *Ralfs*	+																Europe, Spitsberg, Australie, Nouvelle-Zélande, Amérique du Nord, Argentine.
— pennata *Schmidt*						+											Iles Baléares, Golfe du Mexique, Europe, Maroc, Indes occidentales, Amérique du Nord.
— — var. maxima *Cleve*						+											Europe, Océan Indien.
— peregrina *Kütz.*						+											Europe, Amérique boréale, Iles Falkland, Japon, St. Dominique, Cuba, Argentine, Cap Wankarena.
— Perrotettii *Grun.*	+																Italie, Philippines, Sénégal, Brésil, Illinois.
— plicata *Donk.*				+													Northumbria, Mer de Kara, Brésil, Europe.
— — var. sumatrana *Cleve*	+					+											
— plutonia *O'Meara*																	
— Powellii *Lew.*							+								+		Europe, États-Unis d'Amérique.
— praestes *Schmidt*							+										Mazatlan, Baie de Campêche.
— praetexta *Ehrenb.*	+							+									Amérique boréale.
— prisca *Schmidt*	+																Europe, Ceylan, Aden, Mer des Indes, Alexandrie, Mer Rouge, Baie de Campêche.
— probabilis *Schmidt*	+																Baie de Campêche, Floride.
— puella *Schmidt*							+										Europe, Californie, Yokohama, Baie de Campêche.
— quadrisulcata *Grun.*			+											+			St. Paul (Océan austral).
— quarnerensis *Grun.*							+										Europe, Seychelles.
— radiata *Leud.-Fortm.*							+										
— radiosa *Kütz.*																	Europe, Japon, Afrique australe, Amérique boréale, Brésil, Argentine, Equateur.

Espèces et variétés Indo-Néerlandaises.	Java.	Mer de Java.	Sumbawa.	Bornéo.	Nouvelle-Guinée.	Sumatra.	Celebes.	Détroit de Macassar.	Moluques.	Timor.	Bali.	Flores.	Mer et Iles Soudou.	Mer de Banda.	Détroit de la Sonde.	Mer d'Harafoera.	Distribution en dehors des Indes-Néerlandaises.
Navicula																	
— radiosa var. acuta *Grun.*	+		+	+		+											Europe.
— Raeana *Castr.*	+																Iles Philippines, Singapore, Hongkong.
— rectangulata *Greg.*			+														Europe, Indes occidentales, Baie de Campêche.
— residua *Schm'dt*						+											Japon, Cap Horn.
— retinenda *Schmidt*			+														
— retusa *Breb.*						+											Europe, Cap Deschnew, Spitsberg.
— rhynchocephala *Kütz.*																	Europe, Mer de Kara, Amérique boréale, Afrique australe, Australie.
— — var. rostellata *Grun.*						+											Europe.
— Robertsoniana *Grev.*																	Nouvelle-Calédonie, Samoa, Manille, Singapore, Ceylan.
— robusta *Grun.*	+					+											Samoa, Zanzibar, Singapore, Redondo.
— samoensis *Grun.*	+		+					+									Samoa.
— scopulorum *Breb.*				+	+												Europe, Cap Deschnew, Japon, Brésil.
— semiplena *Donk.*					+												Europe, Maroc.
— separabilis *Schmidt*						+											Baie de Campêche, Iles Pelew, Singapore, Puerto-Cabello, Trinité.
— sigma *Ehrenb.*	+																
— singularis *Schmidt*				+													
— Smithii *Breb.*	+					+											Terre de Francois-Joseph, Madagascar, Seychelles, Europe, Auckland, Nicobar, Tahiti, Tasmanie, Nouvelle-Zélande, Colon, Baie de Campêche.
— solaris *Greg.*																	Europe.
— spectabilis *Greg.*	+																Europe, Oran, Mer Rouge, Bab-el-Mandeb, Ceylan, Philippines, Japon, Cap Horn, Colon.
— — var. maxima *Clève*																	
— spiralis *O'Meara*													+				

Espèces et variétés Indo-Néerlandaises.	Java.	Mer de Java.	Sumbawa.	Bornéo.	Nouvelle-Guinée.	Sumatra.	Celebes.	Détroit de Macassar.	Moluques.	Timor.	Bali.	Flores.	Mer et Iles Soulou.	Mer de Banda.	Détroit de la Sonde.	Mer d'Harafoera.	Distribution en dehors des Indes-Néerlandaises.
Navicula																	
— splendida *Greg.*	+					+											Europe, Ceylan, Madagascar, Australie, Japon, Sandwich, Indes occidentales, Floride.
— stauronciformis *Leud.-Fortm.*	+																
— sublyrata *Grun.*				+													Amérique boréale.
— suborbicularis *Greg.*				+													Détroit de Davis, Europe, Ceylan, Madagascar, Singapore, Galapagos, Cap Horn, Brésil, Golfe du Mexique, Caroline.
— succincta *Schmidt.*								+									Europe, Terre de François-Joseph.
— sulcata *Grev.*	+			+													Nouvelle-Calédonie, Ceylan.
— sumatrensis *Leud.-Fortm.*																	
— suluensis *O'Meara.*													+				
— suspecta *Schmidt.*	+																Baie de Campêche, Golfe du Mexique, Manille, Singapore, Japon, Galapagos, Bolivie.
— Szontaghii *Pant.*				+													Fossile en Hongrie.
— tabellaria *Kütz.*	+																Europe, Amérique boréale et australe, Iles de la Trinité, Amérique australe.
— — f. parva *Grun.*						+											
— transversa *Schmidt.*						+											Amérique, Australie, Europe.
— Trevelyana *Donk.*				+													Europe, Floride, Japon.
— — var. angustata *De Wild.*						+											Europe, Galapagos, Bermudes.
— triundulata *Grun.*	+																Honduras.
— unipunctata *O'Meara.*															+		
— vacillans *Schmidt.*	+																Belgique, Cap de Bonne-Espérance.
— — var. renitens *Schmidt.*				+													
— velata *Schmidt.*	+			+													Iles Sandwich, Cap de Bonn-Espérance, Maurice, Ceylan, Chine, Japon, Nouvelle-Calédonie, Cap Horn.

Espèces et variétés Indo-Néerlandaises.	Java.	Mer de Java.	Sumbawa.	Bornéo.	Nouvelle-Guinée.	Sumatra.	Celebes.	Détroit de Macassar.	Moluques.	Distribution en dehors des Indes-Néerlandaises.
Navicula										
— venustissima	+									
— viridis *Kütz*	+									Europe, Amérique, Afrique, Tahiti, Japon, Australie, Nouvelle-Zélande.
— — var. intermedia *De Wild*	+									Europe, Congo, Australie.
— viridula *Kütz*	+									Europe, Sandwich, Australie, Amérique boréale.
— vulgaris var. alpestris *Leud.-Fortm*	+									
— vulpecula *Schmidt*	+									
— Weissflogii *Schmidt*			+					+		Bab-el-Mandeb, Ceylan, Madagascar, Philippines, Tahiti, Amérique boréale, Samoa, Îles Sandwich, Singapore, Golfe du Mexique, Baie de Campêche, Ceylan, Belgique.
— Yarrensis *Grun*		+	+	+						Australie, Samoa, Allemagne, Singapore, Ceylan, Japon, Australie, Amérique boréale Cameroon.
— Zanardiniana *Grun*				+						Mer adriatique.
— zanzibarica *Grev*	+			+						Zanzibar, Seychelles, Madagascar.
— zostereti *Grun*	+		+							Europe, Bab-el-Mandeb, Ceylan, Chine, Japon, Sandwich, Brésil.
Dictyoneis										
— jamaicensis *Cleve*							+	+		Antilles, Baléares, Egypte, Méditerranée, Mer adriatique, Mer Rouge, Ceylan, Cebu, Indes occidentales.
— marginata *Cleve*	+									Indes occidentales, Honduras, Colon, Egypte.
— — var. typica *Cleve*	+									Europe, Alexandrie, Levant, Amérique boréale, Indes occidentales, Colon, Golfe du Mexique.
— — var. Clevei *Cleve*	+									Japon.
— — var. commutata *Cleve*			+						+	Manille, Baie de Campêche, Rio Janeiro.
— — var. Janischii *Cleve*	+									Madagascar, Cebu, Japon, Samoa, Galapagos, Bermudes, Floride, Baie de Campêche, Colon.

Colonnes supplémentaires (Indes-Néerlandaises orientales) :

Espèces et variétés Indo-Néerlandaises.	Timor.	Bali.	Flores.	Mer et Îles Soulou.	Mer de Banda.	Détroit de la Sonde.	Mer d'Harafoera.
Navicula							
— venustissima							
— viridis *Kütz*							
— — var. intermedia *De Wild*							
— viridula *Kütz*							
— vulgaris var. alpestris *Leud.-Fortm*							
— vulpecula *Schmidt*							
— Weissflogii *Schmidt*							
— Yarrensis *Grun*							
— Zanardiniana *Grun*							
— zanzibarica *Grev*							
— zostereti *Grun*							
Dictyoneis							
— jamaicensis *Cleve*							
— marginata *Cleve*							
— — var. typica *Cleve*							
— — var. Clevei *Cleve*							
— — var. commutata *Cleve*							
— — var. Janischii *Cleve*							

Espèces et variétés Indo-Néerlandaises.	Java.	Mer de Java.	Sumbawa.	Bornéo.	Nouvelle Guinée.	Sumatra.	Celebes.	Détroit de Macassar.	Moluques.	Timor.	Bali.	Flores.	Mer et Iles Soulou.	Mer de Banda.	Détroit de la Sonde.	Mer d'Harafoera.	Distribution en dehors des Indes-Néerlandaises.
Dyctioneis																	
— Thunii *Cleve*	+																Mer de Chine, Mer Rouge, Seychelles, Cebu, Brésil.
Rhoiconeis																	
— genuflexa *Grun.*				+													Pérou, Nouvelle-Zélande, Ceylan, Australie, Samoa, Ceylan.
Libellus																	
— Grevillei *Cleve*								+									Europe, Barbades.
— hamuliferus *De Toni*	+																Europe.
— rhombicus *De Toni*						+											Europe.
Stauroneis																	
— biformis *Grun.*				+													Mer Rouge, Queensland, Port Jackson.
— — var. australis *De Toni*														+			Queensland.
— bistriata *Leud.-Fortn.*				+													Ceylan, Barcelone.
— gracilis *Ehrenb.*	+																Europe.
— microstauron *Kütz.*	+																Brésil, Amérique boréale, Europe, Australie.
— phoenicenteron *Ehrenb.*	+																Europe, Amérique, Mongolie.
— — var. lanceolata *Brun.*						+											Europe, Amérique, Mongolie.
— pygmaea *Castr.*																+	
— quarnerensis *Grun.*						+											Mer adriatique, Seychelles.
— salina *Smith.*						+											Europe.
Pleurostauron																	
— javanicum *Grun.*	+																Australie, Nouvelle-Écosse, Amérique boréale.
Amphipleura																	
— Debyi *Leud.-Fortn.*				+													
Okedenia																	
— inflexa *Eul.*				+													Europe.

Espèces et variétés Indo-Néerlandaises.	Java.	Mer de Java.	Sumbawa.	Bornéo.	Nouvelle Guinée.	Sumatra.	Celebes.	Détroit de Macassar.	Moluques.	Timor.	Bali.	Flores.	Mer et Iles Soulou.	Mer de Banda.	Détroit de la Sonde.	Mer d'Harafoera.	Distribution en dehors des Indes-Néerlandaises.
Pleurosigma																	
— acuminatum *Grun.*	+																Europe.
— acutum *Norm.*	+																Europe, Australie, Baie d'Yeddo.
— affine *Grun.*	+				+												Europe, Seychelles, Détroit de Davis.
— angulatum *Sm.*	+			+													Europe, Ceylan, Cap Horn, Barbades.
— — var. aestuarii *v. H.*	+	+			+												Europe.
— — f. javanicum *Cleve*	+																
— — var. quadratum *v. H.*	+																Europe, Cap Horn.
— — var. delicatulum *v. H.*	+																Europe, Cap Horn, Honduras, Ceylan.
— — var. strigosum *v. H.*	+				+												Europe, Cap Horn, Ceylan, Mer Rouge, Brésil, Floride, Afrique australe.
— — var. elongatum *v. H.*	+																Europe.
— — — f. fallax *De Toni*					+												Europe, entre Aden et Bab-el-Mandeb.
— attennatum *Sm.*	+																Europe.
— arafurense *Castr.*																	
— australe *Grun.*	+				+	+										+	Nouvelle-Zélande, Ceylan, Mer des Indes, Baléares.
— balticum *Sm.*					+												Europe, Honduras, Brésil, Ceylan, Cap Horn, Mer Rouge, Sandwich, Samoa, Détroit de Magellan, États-Unis d'Amérique, Indes occidentales.
— — var. diminutum *Leud.-Fortm.*					+												
— — var. Brebissonii *v. H.*					+												Europe, Amérique.
— Brunii *Cleve*	+				+												Baie de Bengale.
— Clevei *Grun.*	+				+												Mer de Kara.
— convexum *Grun.*						+											Puerto-Cabello, entre Aden et Bab-el-Mandeb.
— decorum *Sm.*	+			+	+	+			+								Europe, Cap de Bonne-Espérance, Ile Tahiti.
— elegantissimum *Castr.*	+																Japon.
— eximium *Grun.*					+	+											Europe, Amérique, Guyane, Bengale.

Espèces et variétés Indo-Néerlandaises.	Java.	Mer de Java.	Sumbawa.	Bornéo.	Nouvelle-Guinée.	Sumatra.	Celebes.	Détroit de Macassar.	Moluques.	Timor.	Bali.	Flores.	Mer et Iles Soudou.	Mer de Banda.	Détroit de la Sonde.	Mer d'Harafoera.	Distribution en dehors des Indes-Néerlandaises.
Pleurosigma																	
— formosum *Sm.*	+			+		+											Europe, Ceylan, entre Aden et Bab-el-Mandeb, Mer Rouge, Chine, Behring, Sandwich, Galapagos, Indes occidentales.
— — var. Arcus *Cleve*								+									
— — var. longissimum *Grun.*	+																Baie de Campêche, Puerto Babello, Colon. Samoa, Chine, Galapagos.
— Groveii *Cleve*	+																Singapore.
— hamuliferum *Brun.*						+											Japon, Chine.
— Heros *Cleve*								+									
— hippocampus *Sm.*					+												Europe, Ceylan, Cap Horn.
— intermedium *Sm.*					+												Europe, Cap Horn, Port Jackson.
— javanicum *Grun.*	+																Chine.
— Kützingii *Grun.*	+																Europe, Nouvelle-Zélande, Indes occidentales, Japon, Tasmanie, Amérique boréale et australe.
— latum *Cleve*	+																Europe, Californie.
— longinum *Bright*	+																Europe.
— longissimum *Cleve*	+																Iles Baléares, Golfe de Naples.
— longum *Cleve*	+																Iles Kerguelen, Groenland, Spitsberg, Finmarken.
— marinum *Donk.*				+													Europe, Port Jackson, Barbades.
— naviculaceum *Bréb.*	+					+											Europe, Ceylan.
— — f. minuta *Cleve*						+											Bab-el-Mandeb.
— nicobaricum *Grun.*						+											Europe, Iles Nicobar.
— — var. indica *Per.*								+									
— Normanii *Ralfs.*	+					+											Europe, Cap Horn, Mer Rouge, Samoa, Amérique boréale, Colon.
— nubecula *Sm.*						+											Europe, Californie.
— — var. mediterraneum *Grun.*	+																Europe.

Espèces et variétés Indo-Néerlandaises.	Java.	Mer de Java.	Sumbawa.	Bornéo.	Nouvelle-Guinée.	Sumatra.	Celebes.	Détroit de Macassar.	Moluques.	Timor.	Bali.	Flores.	Mer et Iles Soulou.	Mer de Banda.	Détroit de la Sonde.	Mer d'Harafoern.	Distribution en dehors des Indes-Néerlandaises.
Pleurosigma																	
— obscurum *Sm.*	+					+											Europe, Ceylan.
— pelagicum *Per.*	+																Golfe de Bengale.
— pulchrum *Grun.*	+					+											Mer Rouge, Ceylan, Europe.
— rigidum *Sm.*	+			+		+											Europe, Ceylan, Mer Rouge, Samoa, Indes occidentales, Colon, Détroit de Magellan.
— rhombeum *Grun.*	+			+		+											Iles Samoa, Auckland, Port Jackson, Samoa, Chine, Californie.
— salinarum *Grun.*	+						+										Europe boréale, Bengale.
— scalprum *Ralfs*										+							Europe.
— simile *Grun.*	+																Iles Samoa, Lagos, Tasmanie, Chine, Barbades.
— sinense *Ralfs*	+																Chine.
— Smithii *Grun.*	+																Europe, Amérique australe, Bengale.
— speciosum *Sm.*	+			+		+											Europe, Mer Rouge, Chine, Port Jackson, Barbades.
— — var. gracilis *Per.*	+																
— — var. sumatricum *Per.*	+																
— — var. abrupta *Per.*	+																
— — var. javanicum *Per.*	+					+											
— — var. majus *Grun.*																	Méditerranée.
— Spencerii *Sm.*						+											Europe, Japon, Mer de Kara, Bombay, Amérique boréale.
— strigile *Sm.*	+																Europe.
— subrigidum *Grun.*						+											Méditerranée, Mer du Nord.
— tortuosum *Cleve.*	+																Iles Baléares.
— tropicum *Grun.*	+																Mer Rouge, Antilles.
— umbilicatum *Cleve.*			+														
— validum *Shadb.*	+					+											Europe, Port Natal, Ceylan.

Espèces et variétés Indo-Néerlandaises.	Java.	Mer de Java.	Sumbawa.	Bornéo.	Nouvelle-Guinée.	Sumatra.	Celebes.	Détroit de Macassar.	Moluques.	Timor.	Bali.	Flores.	Mer et Iles Soulou.	Mer de Banda.	Détroit de la Sonde.	Mer d'Harafoera.	Distribution en dehors des Indes-Néerlandaises.
Pleurosigma																	
— vitreum *Cleve*	+					+											Mer adriatique, Mer de Kara, Seychelles, Australie.
— Wansbeckii *Donk*	+					+											Europe, Mer de Kara.
Scoliopleura																	
— antillarum *Pell*	+					+											Golfe du Mexique, Mer des Indes.
— elegans *Cleve*	+																
— Kurzii *Pell*						+											Indes orientales.
Alloioneis																	
— Debyi *Leud.-Forin*	+																
— — var. Clevei *De Wild*	+					+											Mer Rouge, Singapore, Chine, Australie.
Rhoicosigma																	
— antillarum *Cleve*	+																Iles Vierges.
— compactum *Grun*	+					+											Europe, Iles Vierges, Mer Rouge, Philippines, Australie, Samoa, Tahiti, Galapagos, Honduras, Indes occidentales.
— mediterraneum *Cleve*	+					+											Iles Baléares, Mer adriatique.
— robustum *De Toni*	+																Samoa, Galapagos, Baléares, Singapore, Baie de Campêche.
Toxonidea																	
— insignis *Donk*							+										Europe.
Donkinia																	
— angusta *Ralfs*							+										Europe.
— — var. sumatrana *De Wild*						+											
— carinata *Ralfs*				+													Europe, Groenland, Détroit de Davis.
— minuta *Ralfs*						+											Europe.
— recta *Grun*						+											Europe, Chine, Port Jackson, Floride.
— Thumii *Per*						+											Baléares, Seychelles.

Espèces et variétés Indo-Néerlandaises.	Java.	Mer de Java.	Sumbawa.	Bornéo.	Nouvelle-Guinée.	Sumatra.	Celebes.	Détroit de Macassar.	Moluques.	Timor.	Bali.	Flores.	Mer et Iles Soulou.	Mer de Banda.	Détroit de la Sonde.	Mer d'Harafoera.	Distribution en dehors des Indes-Néerlandaises.
Frustulia																	
— interposita *De Toni*																	Cap May, Rockaway, Sierra Leone, Bombay, Amérique boréale et australe.
— — var. labuensis *Cleve*				+													
— Lewisiana *De Toni*	+																États-Unis d'Amérique, Hindoustan, Guinée, Brésil, Sierra Leone, Cameroon.
— rhomboides *De Toni*																	Europe, Mexique, Bengale, Australie, Nouvelle-Zélande, Brésil, Amérique boréale.
— — var. saxonia *De Toni*	+					+											Europe, Australie, Nouvelle-Zélande, Bengale.
Schizonema																	
— Smithii *Ag.*						+											Europe.
Berkeleya																	
— rutilans *Grun.*																	Europe.
— — var. Dillwynii *Grun.*						+											Europe, Japon.
Dickieia																	
— crucigera *De Toni*						+											Europe.
Brebissonia																	
— Boeckii *Grun.*						+											Europe, Amérique boréale et centrale.
Mastogloia																	
— acuta *Grun.*				+													Seychelles.
— amygdala *Leud.-Fortm.*						+											Europe, Iles Joniennes, Tunisie, Ceylan, Chine.
— apiculata *Sm.*				+		+											Europe, Seychelles, Cebu.
— asperula *Grun.*	+																Honduras.
— bisulcata *Grun.*																	Méditerranée.
— — var. corsicana *Grun.*						+											
— capitata *Brun.*	+																

Espèces et variétés Indo-Néerlandaises.	Java.	Mer de Java.	Sumbawa.	Bornéo.	Nouvelle-Guinée.	Sumatra.	Celebes.	Détroit de Macassar.	Moluques.	Timor.	Bali.	Flores.	Mer et Iles Soulou.	Mer de Banda.	Détroit de la Sonde.	Mer d'Harafoera.	Distribution en dehors des Indes-Néerlandaises.
Mastogloia																	
— Citrus *Cleve*				+		+											Europe, Sandwich, Vera-Cruz, Jamaique.
— constricta *Cleve*	+																
— elegans *Lewis*	+																Amérique boréale.
— fallax *Cleve*	+																Seychelles.
— inaequalis *Cleve*	+																Australie, Rodriguez.
— javanica *Cleve*					+												
— Jelineckiana *Grun.*	+		+	+													Brésil, Honduras, Seychelles, Madagascar, Manille, Chine, Indes occidentales. Brésil, Europe.
— Kerguelensis *Castr.*					+												Kerguelen.
— Kjellmani *Cleve*					+												
— cabriensis *Cleve*	+																Philippines.
— laminaris *Grun.*	+																Europe, Mexique, Pensacola.
— lancettula *Cleve*	+																Cebu, Philippines.
— lemniscata *Leud.-Fortn.*	+		+					+									Ceylan, Madagascar, Manille, Australie, Japon, Colon.
— lineata *Cl. et Grove*	+							+									Manille, Cebu.
— Leudugeri *Cl. et Grove*	+							+									Singapore.
— Mac Donaldii *Grev.*	+																Australie, Europe, Philippines.
— Meleagris *Grun.*					+												Europe, Brésil, Ile Nicobar, Ceylan, Tunisie.
— — var. undulata *Rabenh.*					+												Europe, Mer Rouge.
— — var. minutula *Grun.*		+															
— minuta *Grev.*	+				+												Océan atlantique, Valparaiso, Ceylan, Seychelles, Samoa, Sandwich, Honduras, Trinité, Bahamas.
— — f. borneensis *De Toni*		+															
— obesa *Cleve*	+																

Espèces et variétés Indo-Néerlandaises.	Java.	Mer de Java.	Sumbawa.	Bornéo.	Nouvelle-Guinée.	Sumatra.	Celebes.	Détroit de Macassar.	Moluques.	Timor.	Bali.	Flores.	Mer et Iles Soulou.	Mer de Banda.	Détroit de la Sonde.	Mer d'Harafoera.	Distribution en dehors des Indes-Néerlandaises.
Mastogloia																	
— ovata *Grun.*	+					+											Europe, Mer de Kara, Madagascar, Samoa, Honduras.
— Peragalii *Cleve*						+											Europe, Japon.
— pulchella *Cleve*	+																
— quinquecostata *Grun.*	+		+	+													Europe, Indes orientales, Iles Tahiti et Nicobar, Kerguelen, Samoa.
— rhombica *Cleve*				+													
— rhombus *Cl. et Grove*							+										Chine, Manille, Baie de Campêche.
— seriata *Cl. et Grove*								+									
— Smithii *Thwait*						+											Europe, Australie, Tasmanie.
— — var. amphicephala *Leud.-Fortm*						+											Europe, Maroc.
— suborcicularis *Leud.-Fortm*	+																
— sulcata *Cleve*	+																Philippines.
Stigmaphora																	
— capita *Brun*	+																
Amphiprora																	
— aequatorialis *De Toni*	+																
— alata *Kütz*	+				+												Europe, Californie.
— approximata *De Wild*							+										Rembang Bay, Colon.
— Clevei *De Wild*	+																Rembang Bay.
— costata *O'Meara*	+																
— crenulata *Temp.*				+													
— decussata *Grun.*	+				+												Europe.
— delicatula *Grev.*			+														Iles Woodlart, Ceylan, Europe.
— gigantea *Grun.*								+									Europe, Kerguelen.
— Kinkeriana *De Wild*		+															

Espèces et variétés Indo-Néerlandaises.	Java.	Mer de Java.	Sumbawa.	Bornéo.	Nouvelle-Guinée.	Sumatra.	Célèbes.	Détroit de Macassar.	Moluques.	Timor.	Bali.	Flores.	Mer et Iles Soulou.	Mer de Banda.	Détroit de la Sonde.	Mer d'Haraloera.	Distribution en dehors des Indes-Néerlandaises.
Amphiprora																	
— lepidoptera *Grey*						+		+									Europe, Ceylan, Mer des Indes, Cap Horn.
— — var. pusilla *v. H.*						+											Europe.
— margine punctata *Cleve*	+																
— maxima *Grey*	+					+		+									Europe, Cap Horn.
— — var. subulata *De Wild*								+									
— membranacea *Cleve*		+	+														Colon.
— plicata *Greg*	+					+											Europe, Iles Baléares.
— sulcata *O'Meara*			+														Seychelles, Europe, Cap de Bonne-Espérance, Jamaïque.
— sumbawensis *De Wild*			+														
Plagiotropis																	
— elegans *Grun*						+											Europe, Mer des Indes.
Auricula																	
— complexa *De Toni*	+					+											Europe, Barbades.
Cymbella																	
— affinis *Kütz*	+																Europe, Amérique, Asie, Japon, Australie, Nouvelle-Zélande, New-York, Argentine.
— alpina *Grun*	+																Europe.
— Cistula *Kirchn*	+																Europe, Mongolie, Japon, Amérique boréale.
— var. maculata *Grun*	+																Europe, Mongolie, Terre de François-Joseph, Argentine.
— Ehrenbergii *Kütz*	+																Europe, Amérique boréale.
— helvetica *Kütz*	+																Europe, Jenissey.
— lanceolata *Kirchn*	+																Europe, Amérique boréale.
— tumida *v. H.*	+																Europe, Nouvelle-Zélande, Jenissey, Japon, Bengale, Australie, Victoria, Amérique boréale.

Espèces et variétés Indo-Néerlandaises.	Java.	Mer de Java.	Sumbawa.	Bornéo.	Nouvelle Guinée.	Sumatra.	Célèbes.	Détroit de Macassar.	Moluques.	Timor.	Bali.	Flores.	Mer et Iles Soulou.	Mer de Banda.	Détroit de la Sonde.	Mer d'Harafoera.	Distribution en dehors des Indes-Néerlandaises.
Encyonema																	
— *Gerstenbergeri* Grun.						+											Europe.
— *prostratum* Ralfs						+											Europe.
— *sinense* Ralfs	+																Europe.
— *turgidum* Grun.	+																Europe, Nouvelle-Zélande, Indes occidentales, Jenissey, Indes occidentales, Tasmanie, Amérique boréale, centrale et australe.
— *ventricosum* Grun.						+											Europe, Indes occidentales, Japon, Australie, Tasmanie, Nouvelle-Zélande, Amérique boréale et centrale.
— — var. *minutum* Leud.-Förtm.	+																
Amphora																	
— *acuta* Greg.	+																Europe, Ceylan, Cap Horn, Maroc, Détroit de Magellan.
— — var. *arcuata* Cleve							+	+									Europe, Seychelles, Samoa, Mazatlan, Golfe du Mexique.
— *alata* Per.								+									Méditerranée, Maroc.
— *angusta* Greg.																	Europe, Amérique boréale, Jamaique.
— — var. *diducta* Cleve	+																Japon.
— *angularis* Greg.	+						+										Europe.
— — var. *lyrata* v. H.																	Europe, Yokohama.
— *aponina* Kütz.						+											Europe.
— *arenaria* Donk.						+											Europe.
— *areolata* Grun.																	Baie de Campêche.
— — var. *maxima* Cl. et Grove			+					+									Tamatave.
— — var. *minor* Cleve	+																Porto Seguro, Colon, Pensacola.
— *biconvexa* Jan.								+									Baie de Carpentarie, Ceylan, Nossibé.
— *bigibba* Grun.				+	+												Ceylan, Cap de Bonne-Espérance. Californie, Valparaiso, Baie de Campêche, Barbades, Iles Vierges.

Espèces et variétés Indo-Néerlandaises.	Java.	Mer de Java.	Sumbawa.	Bornéo.	Nouvelle Guinée.	Sumatra.	Célèbes.	Détroit de Macassar.	Moluques.	Timor.	Bali.	Flores.	Mer et Îles Soulou.	Mer de Banda.	Détroit de la Sonde.	Mer d'Harafoera.	Distribution en dehors des Indes-Néerlandaises.
Amphora																	
— bioculata *Cleve*						+											
— bullata *Cleve*								+									Baléares.
— camelus *Cl. et Grove*								+									
— clara *Schmidt*								+									
— coffeaformis *Kütz.*																	Japon, Ceylan.
— — var. exigua *Rabenh.*						+											Europe, Ceylan, Sandwich, Australie, Indes occidentales.
— commutata *Grun.*	+																Europe.
— complexa *Greg.*	+																Europe, Mongolie.
— corpulenta *Cl. et Grove*								+									Europe.
— crassa *Greg.*	+					+											
— — var. elongata *Cleve*								+									Europe, Mer de Kara, Cap Horn, Chine, Ceylan, Aden.
— — var. campechiana *Grun.*								+									Europe.
— — var. spuria *Cleve*								+									Baie de Campêche, Pensacola.
— cuneata *Cleve*								+									Samoa, Détroit de Magellan, Colon.
— cymbelloides *Grun.*				+			+										Europe, Pensacola.
— — var. latior *Schmidt*	+																Honduras, Ceylan, Cap Horn, Seychelles, Barbades.
— cymbiformis *Cleve*		+															
— Debyi *Leud.-Fortm.*								+									Port Jackson.
— diaphana *Cleve*								+									
— digitus *Schmidt*							+										Colon.
— doroalis *Cl. et Grove*								+									Europe, Chine.
— dubia *Greg.*	+																
— egregia *Ehrenb.*	+	+						+									Europe, Baie de Campêche, Singapore.
— Erebi *Ehrenb.*	+						+										Cap Horn, Ceylan, Baie de Campêche.
																	Europe, Cap Horn, Mer des Indes, Mer arctique, Maroc, Ceylan, Seychelles, Chine, Singapore, Samoa, Galapagos, Baie de Campêche, Indes occidentales.

Espèces et variétés Indo-Néerlandaises.	Java.	Mer de Java.	Sumbawa.	Bornéo.	Nouvelle-Guinée.	Sumatra.	Celebes.	Détroit de Macassar.	Moluques.	Timor.	Bali.	Flores.	Mer et Iles Soulou.	Mer de Banda.	Détroit de la Sonde.	Mer d'Harafoera.	Distribution en dehors des Indes-Néerlandaises.
Amphora																	
— ergadensis *Greg.*						+											Europe.
— Eunotia *Cleve*			+														Europe, Bab-el-Mandeb.
— — var. gigantea *Cleve*		+															
— excita *Greg.*				+													Europe.
— exornata *Jamisch*	+																Iles Vierges.
— fluminensis *Grun.*	+																Europe,Singapore.
— fasciata *Greg.*					+												Europe.
— formosa *Cleve*					+												Ceylan, Mexique, Europe, Madagascar, Singapore, Galapagos, Colon.
— — var. minuta *Cleve*		+			+	+											Bahia.
— gigantea *Grun.*	+	+															Cap Horn, Baie de Campêche, Europe, Japon, Baie de Campêche, Colon, Pensacola.
— — var. fusca *Cleve*	+			+			+										Europe, Mer Rouge, Golfe du Mexique, Bahia, Galapagos.
— — var. obscura *Cleve*			+		+		+										Europe, Baie de Campêche.
— Graeffii *Grun.*					+												Zanzibar, Samoa, Chine, Galapagos, Golfe de Naples.
— granulifera *Cleve*	+																
— Grovei *Cleve*	+		+				+										Seychelles, Chine.
— Gründleri *Grun.*																	Golfe du Mexique, Baie de Campêche, Ceylan, Madagascar, Manille, Galapagos, Europe.
— — var. robusta *Cleve*								+									Nossibé.
— Grunowii *Schmidt*	+																
— inelegans *Cl. et Grove*								+									
— — var. polita *Cleve*	+																
— inornata *Cleve*	+						+										Baltjik.
— intersecta *Schmidt*					+												

Espéces et variétés Indo-Néerlandaises.	Java.	Mer de Java.	Sumbawa.	Bornéo.	Nouvelle-Guinée.	Sumatra.	Célèbes.	Détroit de Macassar.	Moluques.	Timor.	Bali.	Flores.	Mer et Iles Soulou.	Mer de Banda.	Détroit de la Sonde.	Mer d'Harafoera.	Distribution en dehors des Indes-Néerlandaises.
Amphora																	
— Janischii *Schmidt*								+									Leton Bank, Japon, Seychelles, Baie de Campêche, Barbades.
— javanica *Schmidt*	+			+			+										Europe.
— labuensis *Cleve*				+													
— — var. fusiformis *Leud.-Fortm*						+											Europe, Mer de Kara.
— levis *Greg.*	+					+											Europe, Mer de Kara.
— levissina *Greg.*						+											Europe, Maroc, Galapagos.
— limbata *Cl. et Grove*								+									Europe, Mer de Kara.
— lineata *Greg.*	+				+		+										Europe, Mer de Kara, Amérique tropicale et boréale, Chine.
— lineolata *Ehrenb.*		+															Europe.
— littoralis *Donk.*																	Baléares, Colon.
— Lunula *Cleve*																	Ceylan.
— lutea *Leud.-Fortm*						+											Europe, Ceylan.
— macilenta *Greg.*						+											Golfe du Mexique, Mer des Indes, Maroc, Chine, Galapagos, Europe.
— mexicana *Schmidt*		+		+		+											
— — var. fusca *Cleve*								+									Baie de Campêche.
— micans *Schmidt*								+									Europe.
— monilifera *Greg.*	+			+				+									Nossibé, Japon, Samoa.
— nodosa *Brun.*																	
— naviformis *Leud. Fortm.*				+													Europe.
— Normani *Rabenh.*									+								
— nuda *Leud.-Fortm*				+													
— obesa *Cl. et Grove*								+									Europe, Ile St. Bartholomé, Ceylan.
— obtusa *Greg.*	+		+	+			+										

Espéces et variétés Indo-Néerlandaises.	Java.	Mer de Java.	Sumbawa.	Bornéo.	Nouvelle Guinée.	Sumatra.	Celebes.	Détroit de Macassar.	Moluques.	Timor.	Bali.	Flores.	Mer et Iles Soudou.	Mer de Banda.	Détroit de la Sonde.	Mer d'Harafoera.	Distribution en dehors des Indes-Néerlandaises.
Amphora																	
— obtusa f. typica *Cleve.*				+			+										Europe, Mer Rouge, Seychelles, Madagascar, Chine, Amérique boréale, Indes occidentales.
— — f. minuta *Cleve.*								+									
— — var. oceanica *Castr.*							+										Europe, Ceylan, Sydney, Chine, Japon.
— — var. tranfuga *Cleve.*					+												Madagascar.
— ocellata *Donk.*								+									Europe.
— Oculus *Schmidt.*					+												Europe, Seychelles, Chine, Japon, Baie de Campêche.
— ostrearia *Breb.*			+				+										Europe, Iles Barbades, Ceylan, Kamortha.
— — var. porcellus *Kitt.*				+	+												Europe, Iles Vierges, Ceylan, Jamaique, Japon, Nouvelle-Calédonie.
— — var. typica *Cleve.*				+			+										Europe, Japon.
— ovalis *Kütz.*	+				+												Europe, Tahiti, Afrique, Australie.
— — var. affinis *v. H.*							+										Europe, Japon, Mongolie, Amérique tropicale.
— — var. pediculus.	+						+										Europe, Ceylan, Nouvelle-Zélande, Tasmanie.
— ovum *Cleve.*	+																Europe.
— pecten *Brun.*	+																Ceylan, Madagascar, Nossibé.
— Petiti *Leud.-Fortm.*								+									
— Proteus *Greg.*	+			+			+										Europe, Mer de Kara, Cap Horn, St. Helène, Baie de Campêche, Seychelles, Chine, Galapagos.
— pusilla *Greg.*								+									Europe.
— rhombica *Kitt.*	+	+					+	+									Amérique australe, Europe, Chine, Colon.
— robusta *Greg.*								+									Europe, Cap Horn, Ceylan, entre Aden et Bab-el-Mandeb.
— sarniensis *Grev.*							+										Guernsey, Ceylan.
— scabriuscula *Cl. et Grove.*								+									
— scala *Cl. et Grove.*								+									Porto Seguro.

Espèces et variétés Indo-Néerlandaises.	Java.	Mer de Java.	Sumbawa.	Bornéo.	Nouvelle Guinée.	Sumatra.	Célébes.	Détroit de Macassar.	Moluques.	Timor.	Bali.	Flores.	Mer et Iles Soulou.	Mer de Banda.	Détroit de la Sonde.	Mer d'Harafoera.	Distribution en dehors des Indes-Néerlandaises.
Amphora																	
— scala var. alata *Cleve*								+									
— Schmidtii *Grun*																	Iles Samoa, Baie de Campêche.
— — f. minor *Cleve*				+													
— spectabilis *Greg*	+			+		+		+									Europe, Détroit de Davis, Ceylan, Seychelles, Madagascar, Chine, Samoa, Indes occidentales.
— sumatrensis *Leud.-Fortin*						+											
— Tevroris *Ehrenb*								+									Assistance Bay, Europe, Amérique boréale, Mer de Kara.
— Treubii *Leud.-Fortin*	+																
— turgida *Greg*	+			+		+		+									Europe, Nouvelle-Zélande, Ceylan, Mer Rouge.
— undata *Leud.-Fortin*	+	+															
— Weisflogii *Schmidt*		+															Détroit de Davis.
Gomphonema																	
— acuminatum *Ehrenb*				+													Europe, Amérique boréale.
— augur *Ehrenb*	+																Europe, Amérique boréale, Mexique, Seychelles.
— dichotomum *Kütz*	+																Europe, Australie.
— gracile *Ehrenb*	+				+	+											Europe, Iles de la Trinité, Guayaquil.
— herculeanum *Ehrenb*																	Amérique boréale, Kamtschatka.
— — var. oregonicum *De Ton*																	Fall-River, Californie?
— insigne *Greg*					+												Europe, Bengale, Australie, Equateur.
— obivaceum *Kütz*	+																Europe, Afrique boréale.
— parvulum *Kütz*					+												Europe, Tahiti, République de l'Equateur, Sandwich, Nouvelle-Zélande, Jamaïque, Brésil, Amérique boréale.
— subtile *Ehrenb*	+																Europe, Amérique boréale, Bengale.
— Turris *Ehrenb*																	Amérique boréale, Europe, Bengale, Australie, Nouvelle-Zélande, Rio Janeiro, Equateur.

Espèces et variétés Indo-Néerlandaises.	Java.	Mer de Java.	Sumbawa.	Bornéo.	Nouvelle-Guinée.	Sumatra.	Celebes.	Détroit de Macassar.	Moluques.
Gomphonema									
— Turris var. apiculatum *Grun.*							+		
— Vibrio *Ehrenb.*	+								
— — var. hebridense *Rabenh.*	+								
Coconeis									
— dirupta *Greg.*	+								
— — var. genuina *Grun.*	+								
— heteroidea *Hantzsch*	+						+		
— interrupta *Grun.*							+		
— molesta *Kütz.*							+		
— pellucida *Grun.*	+						+	+	+
— placentula *Ehrenb.*	+								
— — var. lineata *v. H.*	+								
— praetexta *Ehrenb.*	+								
— pseudo-marginata *Greg.*	+								
— scutellum *Ehrenb.*	+								
— — var. distans *Grun.*	+								
— striata *Ehrenb.*	+								
— transversa *Schmidt*								+	
Orthoneis									
— Clevei *Grun.*	+	+							

Espèces et variétés Indo-Néerlandaises.	Timor.	Bali.	Flores.	Mer et Iles Soulou.	Mer de Banda.	Détroit de la Sonde.	Mer d'Harafoera.	Distribution en dehors des Indes-Néerlandaises.
Gomphonema								
— Turris var. apiculatum *Grun.*								
— Vibrio *Ehrenb.*								Europe, Cayenne, Seychelles.
— — var. hebridense *Rabenh.*								Iles Hébrides.
Coconeis								
— dirupta *Greg.*								Europe, Chine, Behring, Tahiti, Cap de Bonne-Espérance, Californie, Galapagos, Colon.
— — var. genuina *Grun.*								Europe, Brésil, Perou, Tahiti, Cap de Bonne-Espérance.
— heteroidea *Hantzsch*								Iles Nicobar, Honduras, Seychelles, Madagascar, Maurice, Singapore, Japon, Sandwich, Samoa, Chine, Indes occidentales.
— interrupta *Grun.*								Kamschatka.
— molesta *Kütz.*								Europe.
— pellucida *Grun.*								Iles Nicobar, Nouvelle-Zélande, Singapore, Sandwich, Behring, Madagascar.
— placentula *Ehrenb.*								Europe, Mongolie, Amérique boréale, Nouvelle-Zélande, Brésil, République de l'Equateur.
— — var. lineata *v. H.*								Europe, Amérique.
— praetexta *Ehrenb.*								Indes, Japon, Afrique, Amérique.
— pseudo-marginata *Greg.*								Europe, Mer de Kara, Mer Rouge, Seychelles, Madagascar, Chine, Galapagos, Sandwich, Honduras.
— scutellum *Ehrenb.*								Dans tous les océans.
— — var. distans *Grun.*								Europe.
— striata *Ehrenb.*								Cuba, Mexique, Amérique boréale.
— transversa *Schmidt*								
Orthoneis								
— Clevei *Grun.*								Barbades, Maurice, Seychelles.

Espèces et variétés Indo-Néerlandaises.	Java.	Mer de Java.	Sumbawa.	Bornéo.	Nouvelle-Guinée.	Sumatra.	Celebes.	Détroit de Macassar.	Moluques.	Timor.	Bali.	Flores.	Mer et Iles Soulou.	Mer de Banda.	Détroit de la Sonde.	Mer d'Haraſoera.	Distribution en dehors des Indes-Néerlandaises.
Orthoneis																	
— crucicula *Grun.*				+													Honduras. Mer adriatique.
— fimbriata *Grun.*	+		+			+											Europe, Brésil, Tahiti, Cap de Bonne-Espérance, Iles Nicobar, Australie.
— Howathiana *Grun.*	+																Mer Rouge, Samoa, Tahiti, Honduras.
— punctatissima *Lagerst.*	+																Europe, Madères.
Achnanthes																	
— brevipes *Ag.*									+								Europe, Mer Caspienne, Amérique boréale.
— coarctata *Grun.*	+																Europe, Chili, Amérique boréale.
— crenulata *Grun.*					+												Iles Samoa, Australie.
— delicatula *Grun.*					+												Europe, Amérique boréale.
— exiqua *Grun.*					+												Europe, Afrique, Brésil, Equateur, Nouvelle-Zélande, Hawai, Suriname.
— glabrata *Grun.*	+																Amérique boréale et australe, Nouvelle-Zélande.
— hungarica *Grun.*					+												Europe, Nouvelle-Zélande, Amérique boréale et australe.
— inflata *Grun.*	+																Tahiti, Guayaquil, Auckland, Iles de la Trinité.
— javanica *Grun.*	+																Chine.
— — var. rhombica *Grun.*	+																
— lanceolata *Grun.*	+				+												Europe, Equateur, Illinois, Tasmanie, Australie, Nouvelle-Zélande.
— longipes *Ag.*	+																Europe, Canaries.
— margaritarum *De Wild.*	+																
— microcephala *Grun.*	+																
— seriata *Ag.*	+		+														Europe.
— subcrenulata *Cleve.*			+														Europe, Cayenne.
— subsessilis *Kütz.*			+		+												Europe, Amérique boréale, Guyane, Equateur.
Bacillaria																	
— paradoxa *Grun.*	+				+												Europe, Mer de Kara, Cap Horn.

Espèces et variétés Indo-Néerlandaises.	Java.	Mer de Java.	Sumbava.	Bornéo.	Nouvelle-Guinée.	Sumatra.	Celèbes.	Détroit de Macassar.	Moluques.	Timor.	Bali.	Flores.	Iles Soulou.	Mer et de Banda.	Détroit de la Soude.	Mer d'Haraloera.	Distribution en dehors des Indes-Néerlandaises.
Bacillaria																	
— socialis *Greg.*														+			Europe, Mer de Kara, Antilles.
— — var. indica *Castr.*																+	
Nitzschia																	
— alata *Leud.-Fortm.*	+																
— acuminata *Grun.*	+					+											Europe.
— acuta *Cleve*	+																Iles Sandwich, Barbades.
— angularis *Sm.*	+					+											Europe, Ceylan, Cap Horn.
— bilineata *Grun.*																	
— coarctata *Grun.*		+				+											Europe, Iles Baléares, Japon, Cap Horn.
— constricta *Grun.*	+					+											Europe, Cap Horn, Cap de Bonne-Espérance, Ceylan.
— — var. bombiformis *Grun.*	+																Antilles, Japon.
— cursoria *Grun.*	+																Europe, Ceylan.
— curvirostris *Cleve*	+																St. Bartholomé, Vera-Cruz.
— diluviana *Cleve*				+													
— distans *Greg.*						+											Europe.
— — var. australiensis *Grun.*							+										Australie, Ile des navigateurs.
— fluminensis *Grun.*	+	+	+														Europe, Ceylan, Baie de Campêche.
— — var. angusta *Grun.*	+																
— hungarica *Grun.*						+											Europe, Cap Horn.
— insignis *Greg.*	+																Europe, Mer des Indes.
— — var. mediterranea *Grun.*	+					+											Méditerranée.
— — var. notabilis *Grun.*														+			Europe.
— javanica *Grun.*	+																
— Jelineckii *Grun.*		+															Iles Nicobar, Iles Vierges, Ceylan, Mer des Indes.

Nitzschia

Espèces et variétés Indo-Néerlandaises.	Java.	Mer de Java.	Sumbawa.	Bornéo.	Nouvelle-Guinée.	Sumatra.	Celebes.	Détroit de Macassar.	Moluques.	Timor.	Bali.	Flores.	Mer et Iles Soulou.	Mer de Banda.	Détroit de la Sonde.	Mer d'Harafoera.	Distribution en dehors des Indes-Néerlandaises
— Jelineckii var. acuta *Cleve*	+																
— labuensis *Cleve*																	
— lanceolata *Sm.*				+													Europe, Ceylan.
— littoralis *Grun.*						+											Europe.
— longissima *Ralfs*	+					+											Europe, St. Bartholomé.
— — var. reversa *Grun.*	+																Europe.
— — var. parva *v. H.*						+											
— macilenta *Sm.*						+											Europe, Ceylan.
— mammalis *Castr.*																+	
— marginulata *Grun.*						+											Europe, Mer de Kara, Iles Samoa, entre Aden et Bab-el-Mandeb.
— — var. didyma *Grun.*						+											Europe.
— navicularis *Grun.*																	Europe.
— nicobarica *Grun.*						+											Iles Nicobar, Ile des Navigateurs, Singapore, Australie boréale, Antilles, Ceylan.
— obtusa *Sm.*																	Europe.
— panduriformis *Greg.*	+					+											Europe, Ceylan, Cap Horn, entre Aden et Bab-el-Mandeb.
— plana *Sm.*	+																Europe.
— punctata *Grun.*	+			+		+											Europe.
— — var. elongata	+																Europe.
— sigma *Sm.*	+					+											Europe, Mer Rouge, Cap de Bonne-Espérance, Auckland, Iles Nicobar, Iles de la Société, Ceylan, Cap Horn.
— — var. sigmatella *Grun.*	+																
— — var. curvula *Brun.*						+											Avec l'espèce.
— sigmoidea *Sm.*						+											Europe, Madère, Japon.

Espèces et variétés Indo-Néerlandaises.	Java.	Mer de Java.	Sumbawa.	Bornéo.	Nouvelle-Guinée.	Sumatra.	Celèbes.	Détroit de Macassar.	Moluques.	Timor.[*]	Bali.	Flores.	Mer et Iles Soulou.	Mer de Banda.	Détroit de la Sonde.	Mer d'Harafoera.	Distribution en dehors des Indes-Néerlandaises.
Nitzschia																	
— sinuata *Grun.*	+																Europe.
— spathulata *Bréb.*	+					+											Europe, Cap Horn.
— — var. hyalina *v. H.*						+											
— spathulifera *Grun.*						+											Europe, Ile St. Bartholomé.
— tabellaria *Grun.*	+																Europe.
— tryblionella *Hantzsch.*																	Europe.
— — var. maxima *Grun.*						+											Europe.
— valida *Cl. et Grun.*	+			+													Iles Vierges, Baie de Campéche, Mer des Indes.
— — var. longissima *Cl. et Grun.*	+																
— ventricosa *Kitt.*				+		+											Ile St. Bartholomé, Hongkong, Brésil, Ceylan, Europe.
— vitrea *Norm.*				+													Europe.
— Vidovichii *Grun.*				+													
— vivax *Sm.*	+																Europe, Ceylan.
— Harrissonii *Leud.-Fortm.*	+																
— splendida *Leud.-Fortm.*	+																
Homoecladia																	
— Martiana *Ag.*	+																Europe.
Denticula																	
— crassula *Näg.*						+											Europe.
— elegans *Küts.*	+					+											Europe.
— medica *Grun.*						+											Indes.
— van Heurckii *Brun.*	+																
Hantzschia																	
— amphioxys *Grun.*	+					+											Europe.

Espéces et variétés Indo-Néerlandaises.	Java.	Mer de Java.	Sumbawa.	Bornéo.	Nouvelle-Guinée.	Sumatra.	Célebes.	Détroit de Macassar.	Moluques.	Timor.	Bali.	Flores.	Mer et Iles Soulou.	Mer de Banda.	Détroit de la Sonde.	Mer d'Harafoera.	Distribution en dehors des Indes-Néerlandaises.
Hantzschia																	
— amphioxys var. borneensis *Leud.-Fortm*				+													Europe.
— virgata *Grun*				+													
Suriraya																	
— baccata *Leud.-Fortm*	+																Europe, Amérique boréale et australe, Cap de Bonne-Espérance.
— biseriata *Bréb*	+																
— collare *Schmidt*	+						+										Mer des Philippines.
— dives *Castrac*			+														
— eximia *Grev*	+																Europe, Golfe du Mexique.
— fastuosa *Ehrenb*	+				+												
— — var. constricta *Grun*					+												
— — var. spinulifera *Schm*	+						+										
— — var. cuneata *Wittr*				+													
— — var. debilitata *Schmidt*		+															
— — var. nodulifera *Schmidt*		+															
— — var. robusta *Schmidt*			+														Amérique boréale.
— Febigerii *Lew*	+																Europe.
— fluminensis *Grun*		+															Europe.
— genuina *Ehrenb*		+															
— incurvata *Schmidt*		+															Quarnero.
— intercedens *Grun*	+																
— Kinkeri *Schmidt*		+															
— languida *Schmidt*		+															Europe.
— linearis *Smith*	+																
— mollis *Schmidt*		+															

Espèces et variétés Indo-Néerlandaises.	Java.	Mer de Java.	Sumbawa.	Bornéo.	Nouvelle Guinée.	Sumatra.	Celebes.	Détroit de Macassar.	Moluques.	Timor.	Bali.	Flores.	Mer et Iles Soulou.	Mer de Banda.	Détroit de la Sonde.	Mer d'Harafoera.	Distribution en dehors des Indes-Néerlandaises.
Suriraya																	
— oblonga *Ehrenb.*	+																Amérique.
— patens *Schmidt*	+																Golfe de Carpentarie.
— pulchella *Bréb.*						+											Europe.
— quadrinodosa *Schmidt*			+														
— radiosa *Grun.*	+																
— splendida *Küts.*	+																Europe.
— striatula *Turp.*						+											Europe.
— sumbawana *Schmidt*	+																
— tenera *Greg.*	+					+											Europe.
— tridens *Schmidt*			+														
— tubulata *Leud.-Fortm.*	+																
Podocystis																	
— adriatica *Küts.*	+					+											Europe, Amérique boréale.
Pladiodiscus																	
— nervatus *Grun.*						+											Honduras.
— martensianus *Grun.*	+																Iles Maurice, Iles Vierges.
Campylodiscus																	
— adriaticus *Grun.*							+										Europe.
— aemulas *Schmidt*			+														
— angularis *Greg.*							+										Europe.
— bellus *Schmidt*			+														
— biangulatus *Grev.*	+		+	+		+	+										Europe, Mer Rouge, Manille, Australie.
— Brightwellii *Grun.*			+														
— calcar *Leud.-Fortm.*	+		+														

Espèces et variétés Indo-Néerlandaises.	Java.	Mer de Java.	Sumbawa.	Bornéo.	Nouvelle-Guinée.	Sumatra.	Celebes.	Détroit de Macassar.	Moluques.	Timor.	Bali.	Flores.	Mer et Iles Soulou.	Mer de Banda.	Détroit de la Sonde.	Mer d'Harafoera.	Distribution en dehors des Indes-Néerlandaises.
Campylodiscus																	
— Clevei *Leud.-Fortm.*						+											
— clypeus *Ehrenb.*						+											Europe, Mexique.
— cocconeiformis *Grun.*				+													Ning-po, Elephant-point.
— coruscas *Schmidt*							+										
— crebrecostatus *Grev.*	+						+										Porto Seguro, Sanseyo, Singapore, Golfe du Mexique, Mer Rouge, Philippines, Nouvelle-Galle du Sud, Iles Sandwich, St. Thomas, Manille, Iles des Navigateurs.
— crebrestriatus *Grev.*	+						+										
— Daemelianus *Grun.*	+																Bengale, Yarra-Yarra, Madagascar.
— Debyi *Leud.-Fortm.*																	
— diplostictus *Norm.*	+																Australe.
— ecclesianus *Grev.*	+																Indes occidentales, Brésil, Baie de Campêche, Ceylan, Ile des Navigateurs.
— echeneis *Ehrenb.*	+					+											Europe, Australie, Siena Leone.
— eximius *Grev.*						+											Europe, Mer Rouge.
— fortis *Leud.-Fortm.*						+											
— Grevillei *Leud.-Fortm.*						+	+										Ceylan, Iles Sandwich.
— Hodgsonii *Smith*	+																Europe, Honduras, Mer Rouge.
— horologium *Will.*		+															Europe, Mer Rouge.
— — var. Pfitzeri *De Toni*	+						+										Philippines.
— mopinus *Schmidt*		+															
— Kinkeri *Schmidt*		+															
— Kittonianus *Grev.*	+						+										Indes occidentales, Manille, Japon, Sandwich.
— — var. zanzibaricus *Schmidt*	+																Zanzibar.
— latus *Shad.*	+	+				+	+										Europe, Jamaique, Port Natal, Singapore, Brésil, Ile des Navigateurs, Malacca, Japon, Manille, Australie, Ceylan, Brésil.

Espèces et variétés Indo-Néerlandaises.	Java.	Mer de Java.	Sumbawa.	Bornéo.	Nouvelle-Guinée.	Sumatra.	Celebes.	Détroit de Macassar.	Moluques.
Campylodiscus									
— latus var. superbus *Eul.*						+			
— — var. major *Schmidt*			+						
— limbatus *Bréb.*	+					+			
— linearis *Leud.-Fortm.*						+			
— macassarensis *Deby.*							+		
— mirabilis *Leud.-Fortm.*	+								
— Normanianus *Grev.*	+								
— ornatus *Grev.*	+						+		
— Ralfsii *Smith*	+					+			
— rivalis *Schmidt*							+		
— Robertsianus *Grev.*						+			
— samoensis *Grun.*	+								
— sumatrensis *Leud.-Fortm.*							+		
— sumbawensis *Schmidt*			+						
— taeniatus *Schmidt*	+								
— taenoides *Deby.*								+	
— Thumii *Leud.-Fortm.*							+		
— Thuretii *Bréb.*	+						+		
— triumphans *Schmidt*	+						+		
— undulatus *Grev.*								+	
— — var. Leudugeri *Deby.*				+					
— Wallichianus *Grev.*	+								

Espèces et variétés Indo-Néerlandaises.	Timor.	Bali.	Flores.	Mer et Iles Soudou.	Mer de Banda.	Détroit de la Sonde.	Mer d'Harafoera.	Distribution en dehors des Indes-Néerlandaises.
Campylodiscus								
— latus var. superbus *Eul.*								
— — var. major *Schmidt*								
— limbatus *Bréb.*								Europe, Egypte, Mer Rouge.
— linearis *Leud.-Fortm.*								
— macassarensis *Deby.*								
— mirabilis *Leud.-Fortm.*								
— Normanianus *Grev.*								
— ornatus *Grev.*								Indes occidentales, Tamatave, Samoa, Manille, Iles Philippines.
— Ralfsii *Smith*								Europe, Egypte, Iles des Navigateurs et de la Société, Japon, Manille.
— rivalis *Schmidt*								
— Robertsianus *Grev.*								Queensland, Manille, Samoa.
— samoensis *Grun.*								Samoa, Bahia, Puerto-Cabello.
— sumatrensis *Leud.-Fortm.*								
— sumbawensis *Schmidt*								
— taeniatus *Schmidt*								Yokohama, Sandwich, Colon.
— taenoides *Deby.*								
— Thumii *Leud.-Fortm.*								
— Thuretii *Bréb.*								Europe, Singapore, Manille, Indes.
— triumphans *Schmidt*								Baie de Campêche, Iles Bermudes, Mer du Japon.
— undulatus *Grev.*								Bermudes, Baie de Campêche, Japon, Manille, Chine, Singapore, Brésil, Iles de la Société, Nosibé.
— — var. Leudugeri *Deby.*								
— Wallichianus *Grev.*						+		St. Helène, Queensland, Nouvelle-Calédonie, Ceylan, Brésil.

Espèces et variétés Indo-Néerlandaises.	Java.	Mer de Java.	Sumbawa.	Bornéo.	Nouvelle Guinée.	Sumatra.	Celebes.	Détroit de Macassar.	Moluques.	Timor.	Bali.	Flores.	Mer et Iles Soulou.	Mer de Banda.	Détroit de la Sonde.	Mer d'Harafoera.	Distribution en dehors des Indes-Néerlandaises.
Diatoma																	
— elongatum *Ag.*																	Europe.
— — var. tenue *v. H.*	+																Europe, Iles Canaries, Indes occidentales.
— hiemale *Heib.*	+									+							Europe.
— obtusum *Kirchn.*	+				+												Europe.
— vulgare *Bory*																	Europe, Afrique boréale.
— — var. Ehrenbergii *Grun.*					+												Europe.
Odontidium																	
— Harrissonii *Smith.*	+																Europe.
— mutabile *Smith.*	+																Europe, Amérique boréale.
Trachysphenia																	
— australis																	Lyall's Bay, Ile Campbell, Cap Horn.
— — var. aucklandica *Grun.*				+													Kerguelen, Port Jackson.
Sceptroneis																	
— cuneata *Grun.*					+												Ceylan.
— — var. javanica *Leud.-Fortm.*	+																
— maxima *Leud.-Fortm.*	+																
Opephora																	
— pacifica *Petit*				+													Ocean pacifique boréale.
— Schwartzii *Petit*				+													Brésil, Seychelles.
Synedra																	
— acus *Kütz.*	+																Europe, Abyssinie.
— — var. delicatissima *Grun.*	+																Europe.
— affinis *Kütz.*																	Europe, Brésil, Guadeloupe, Nouvelle-Zélande, Cap de Bonne-Espérance.

Espèces et variétés Indo-Néerlandaises.	Java.	Mer de Java.	Sumbawa.	Bornéo.	Nouvelle-Guinée.	Sumatra.	Celebes.	Détroit de Macassar.	Moluques.	Timor.	Bali.	Flores.	Mer et Iles Soulou.	Mer de Banda.	Détroit de la Sonde.	Mer d'Harafoera.	Distribution en dehors des Indes-Néerlandaises.
Synedra																	
— affinis var. fasciculata v. H.						+											Europe.
— — var. acuminata Grun.						+											
— — var. tabulata v. H.						+											Europe, Nouvelle-Zélande.
— commutata Grun.				+													
— Gallionii Ehrenb.	+					+											Europe, Cap de Bonne-Espérance.
— pulchella Kütz.						+											Europe.
— radians Kütz.	+																Europe.
— Ulna Ehrenb.	+					+				+							Europe, Amérique.
— — var. splendens Brun.	+																Europe, Amérique, Afrique boréale.
— — var. lanceolata Grun.						+											Iles de la Trinité.
Pseudo-Synedra																	
— Debyi Leud.-Fortm.								+									
— Peragalli Leud.-Fortm.	+																
Thalassiotrix																	
— Frauenfeldii Grun.		+															Iles Nicobar, Europe.
— — var. javanica Grun.	+																
— Nitzschioides Grun.						+											
Ardissonia																	
— baculus Grun.	+																Europe.
— crystallina Grun.	+																Europe.
— formosa Grun.						+											Indes orientales.
— fulgens Grun.						+											Europe.
— robusta De Mot.					+	+		+									Europe.
— superba Grun.						+											Europe.

Espèces et variétés Indo-Néerlandaises.	Java.	Mer de Java.	Sumbawa.	Bornéo.	Nouvelle-Guinée.	Sumatra.	Celebes.	Détroit de Macassar.	Moluques.	Timor.	Bali.	Flores.	Mer et Iles Soulou.	Mer de Banda.	Détroit de la Sonde.	Mer d'Harafoera.	Distribution en dehors des Indes-Néerlandaises.
Toxarium																	
— Frauenfeldii *Grun*						+											Mer Rouge.
— Hennedyana *Grun*						+			+								Europe.
— rostratum *Hantzsch*						+											Indes orientales.
— undulatum *Bail.*						+											Europe, Mer Rouge, Amérique boréale.
Asterionella																	
— Bleakleyi *Sm.*						+											Europe.
— Kariana *Grun*						+											Mer de Kara.
Desmogonium																	
— Rabenhorstianum *Grun*						+											
Rhabdosira																	
— moluccensis *Ehrenb.*				+													
Fragilaria																	
— angustata *Cl. et Grove*							+										Repandu dans les eaux douces.
— capucina *Desm.*	+																Europe, Abyssinie.
— construens *Grun*	+																Europe.
— — var. venter *Grun*	+					+											
Campylosira																	
— japonica *De Toni*																	Fossille au Japon.
— — var. leptostigma *Cl. et Grove*							+										
Rhaphoneis																	
— amphiceros *Ehrenb.*				+													Europe, Amérique boréale.
— bilineata *Grun*				+													Ceylan.
— — f. lancettula *Grun*				+													Seychelles.
— — var. protracta *Grun*				+													Seychelles.

Espèces et variétés Indo Néerlandaises.	Java.	Mer de Java.	Sumbawa.	Bornéo.	Nouvelle-Guinée.	Sumatra.	Celebes.	Détroit de Macassar.	Moluques.	Timor.	Bali.	Flores.	Mer et Iles Soulou.	Mer de Banda.	Détroit de la Sonde.	Mer d'Harafoera.	Distribution en dehors des Indes-Néerlandaises.
Rhaphoneis																	
— bilineata var. elliptica *Grun.*				+													Seychelles.
— — var. contracta *Grun.*				+													Seychelles.
— Lorenziana *Grun.*								+									Europe, Bab-el-Mandeb.
— maculata *Cleve.*				+													
— mammalis *Castr.*								+									Tahiti, Galapagos.
— — var. reticulata *De Wild.*								+									Galapagos.
— moluccensis *Ehrenb.*				+													
— quarnerensis *Grun.*				+													Europe.
Dimerogramma																	
— fulvum *Ralfs.*							+										Europe.
— marinum *Grun.*							+										Europe.
— manum *Ralfs.*							+										Europe.
Glyphodesmis																	
— elongata *Cl. et Grove.*								+									
— margaritacea								+									Philippines.
— Williamsonii *Grun.*							+										Europe.
Omphalopsis																	
— australis *Grev.*								+									Iles Woodlark.
Plagiogramma																	
— antillarum *Cleve.*				+													Ceylan, Iles Vierges.
— approximatum *Schmidt.*				+													
— costatum *Grev.*							+										Nouvelle Calédonie, Iles Arraniennes.
— crassum *Cl. et Grove.*								+									
— decussatum *Grev.*				+			+										Sainte Hélène, Zanzibar, Ceylan, Australie occidentale, Iles Vierges.

Espèces et variétés Indo-Néerlandaises.	Java.	Mer de Java.	Sumbawa.	Bornéo.	Nouvelle Guinée.	Sumatra.	Celebes.	Détroit de Macassar.	Moluques.	Timor.	Bali.	Flores.	Mer et Iles Soulou.	Mer de Banda.	Détroit de la Sonde.	Mer d'Harafoera.	Distribution en dehors des Indes-Néerlandaises.
Plagiogramma																	
— elongatum *Grev.*								+									Amérique Méridionale.
— Kinkeri *Schmidt*			+														
— labuense *Cleve*				+													
— lyratum *Grev.*						+											Nassau, Nouvelle-Providence.
— Nankoorense *Grun.*																	Ceylan, entre Aden et Bab-el-Mandeb.
— — var. triconstricta *Cl. et Grove*							+										Madagascar.
— obesum *Grev.*				+													Nassau, Nouvelle-Providence, Iles Vierges.
— orientale *Grev.*	+					+											Zanzibar.
— papilio *Cl. et Grove.*							+										Port Jackson.
— polygibbum *Cl. et Grove*							+										Ceylan.
— pulchellum *Grev.*				+		+											Jamaique, Antilles, Ceylan, Nassau, Nouvelle-Providence.
— pygmaeum *Grev.*				+													Nassau, Nouvelle-Providence, Mer Rouge, Cap de Bonne-Espérance.
— rectum *Cl. et Grove*							+										
— seychellarum *Grun.*			+	+													Seychelles.
— staurophorum *Heib*						+											Europe, Honduras, Ceylan.
— sulcatum *Cl. et Grove*							+										
— sumatrense *Leud.-Fortm.*						+											
— tenuistratum *Cleve*				+													
— tessellatum *Grev.*				+													Europe, Mer des Indes.
Diadesmeis																	
— peregrina *Smith*						+											Europe.
Licmophora																	
— anglica *Grun.*						+											Europe.
— angustata *Grun.*						+											

Espèces et variétés Indo-Néerlandaises.	Java.	Mer de Java.	Sumbawa.	Bornéo.	Nouvelle-Guinée.	Sumatra.	Celebes.	Détroit de Macassar.	Moluques.	Timor.	Bali.	Flores.	Mer et Iles Soulou.	Mer de Banda.	Détroit de la Sonde.	Mer d'Harafoera.	Distribution en dehors des Indes-Néerlandaises.
Licmophora																	
— communis *Grun*						+											Europe, Japon.
— erythraea *Grun*	+																Mer Rouge.
— flabellata *Ag*						+											Europe.
— grandis *Grun*						+											Europe.
— Jurgensii *Ag*						+											Europe.
— — var. constricta *Grun*						+											Samoa.
— Lyngbyei *Grun*						+											Europe.
— — var. pappeana *Grun*						+											Cap de Bonne-Espérance.
— oedipus *Grun*						+											Europe.
Climacosphenia																	
— australis *Kütz*						+											Australie, Afrique australe, Tahiti.
— elongata *Bail*	+					+											Mer Rouge, Amérique boréale, Brésil, Canaries, Guadeloupe.
— moniligera *Ehrenb*					+	+			+								Golfe du Mexique, Cap de Bonne-Espérance, Port Natal, Nouvelle-Zélande, Honduras, Europe.
Grammatophora																	
— elongata *Hart*														+			
— flexuosa *Grun*						+											
— longissima *Petit*						+											Nouvelle-Zélande, Cap Horn.
— marina *Kütz*	+					+			+								Europe, Afrique, Amérique boréale et australe, Ceylan.
— maxima *Grun*						+											Kamschatka.
— — var. trinitatis *Grun*			+					+									Iles de la Trinité.
— oceanica *Ehrenb*			+					+									Europe, Amérique australe, Ceylan.
— — var. macilenta *Grun*			+					+									Europe.
— serpentina *Ralfs*	+					+											Europe, Ceylan, Cap Horn, Pérou, Patagonie, Afrique boréale.

Espèces et variétés Indo-Néerlandaises	Java	Mer de Java	Sumbawa	Bornéo	Nouvelle-Guinée	Sumatra	Celebes	Détroit de Macassar	Moluques	Timor	Bali	Flores	Mer et Iles Soulou	Mer de Banda	Détroit de la Sonde	Mer d'Harafoera	Distribution en dehors des Indes-Néerlandaises
Grammatophora																	
— undulata *Ehrenb*.					+				+								Europe, Mer Rouge, Brésil, Amérique boréale, Ceylan.
Climaconeis																	
— Lorenzii *Grun*.	+																Queensland, Nouvelle-Calédonie, Honduras.
Rhabdonema																	
— adriaticum *Kütz*.	+				+	+			+								Europe, Afrique, Asie mineure, Cap de Bonne-Espérance, Iles Maurice, Honolulu, Ile Campbell, Ceylan.
— arcuatum *Kütz*.						+											Europe, Mer de Kara, Ile Campbell.
— minutum *Kütz*.						+											Europe, Mer de Kara, Ile Campbell, Cap de Bonne-Espérance.
Climacosira																	
— mirifica *Grun*.	+				+	+											Mer Rouge, Ceylan, Ile Maurice, Brésil, Honduras.
Striatella																	
— interrupta *Heib*.					+												Europe, Cap Horn.
Lauderia																	
— annulata *Cleve*.	+	+															
— moseleyana *Castr*.																+	
Gephyria																	
— Castracanei *Leud.-Fortm*.																	
— Telfairiae *Arn*.					+												Ile Maurice.
Cystopleura																	
— Argus *Kunze*.	+																Europe.
— var. longicornis *Grun*.	+																Europe.
— gibba *Kunze*.	+				+												Europe, Amérique.
— gibberula *Kunze*.	+																Europe, Amérique.
— var. producta *Grun*.					+												Europe, Amérique.

Espèces et variétés Indo-Néerlandaises.	Java.	Mer de Java.	Sumbawa.	Bornéo.	Nouvelle Guinée.	Sumatra.	Celebes.	Détroit de Macassar.	Moluques.	Timor.	Bali.	Flores.	Mer et Iles Soudou.	Mer de Banda.	Détroit de la Sonde.	Mer d'Harafoera.	Distribution en dehors des Indes-Néerlandaises.
Cystopleura																	
— Hyndmanii *Kunze*	+																Europe.
— musculus *Kunze*	+					+											Europe.
— — var. constricta *v. H.*						+											Europe.
— ocellata *Bréb.*	+					+											Europe, Pérou.
— sorex *Kunze*	+																Europe, Abyssinie.
— turgida *Kunze*																	Europe, Abyssinie.
— — var. granulata *Brun.*	+																Europe.
— — var. Westermannii *Grun.*						+											Europe, Amérique boréale.
— — var. zebrina *Rabenh.*	+																Islande, Amérique boréale.
— zebra *Kunze*	+					+											Europe.
Eunotia																	
— Arcus *Ehrenb.*	+					+											Europe, Amérique boréale.
— camelus *Ehrenb.*						+											Cayenne, Labrador.
— — var. didymodon *Grun.*						+											
— — var. denticulata *Grun.*						+											
— formica *Ehrenb.*						+											Amérique boréale et australe.
— — var. genuina *Grun.*						+											
— — var. elongata *Grun.*						+											
— — var. intermedia *Grun.*						+											
— — var. bigibba *Grun.*						+											Cayenne.
— — var. pileus *Grun.*						+											
— gracilis *Rabenh.*	+			+													Europe, Amérique.
— indica *Grun.*						+											
— — var. ventralis *Grun.*						+											

Espèces et variétés Indo-Néerlandaises.	Java.	Mer de Java.	Sumbawa.	Bornéo.	Nouvelle-Guinée.	Sumatra.	Célebes.	Détroit de Macassar.	Moluques.	Timor.	Bali.	Flores.	Mer et Iles Soulou.	Mer de Banda.	Détroit de la Sonde.	Mer d'Harafoera.	Distribution en dehors des Indes-Néerlandaises.
Eunotia																	
— major *Rabenh.*						+											Europe.
— parallela *Ehrenb.*						+											Europe, Amérique boréale.
— — var. ventralis *Grun.*						+											Amérique boréale, centrale et australe, Iles mascareignes, Antilles, Europe.
— robusta *Ralfs.*				+													Europe.
— tetraodon *Ehrenb.*				+													Europe.
— triodon *Ehrenb.*				+													Europe, Cayenne.
— Tschirchiana *Müll.*	+																
— ventricosa *Ehrenb.*																	Iles mascareignes.
— — var. elongata *Grun.*						+											
Pseudo-Eunotia																	
— alpina *Grun.*						+											Europe, Indes orientales.
— lunaris *De Toni*	+																Europe.
— pachycephala *De Toni*						+											Europe.
Guinardia																	
— flaccida *Per.*						+										+	Europe.
Rhizosolenia																	
— alata *Bright.*	+																Europe, Ile Nicobar, Océan atlantique boréale.
— arafurensis *Castr.*																+	
— calcar-avis *Schultze.*	+																Europe.
— cochlea *Brun.*	+																Hong-Kong.
— imbricata *Bright.*	+																Europe.
— robusta *Norm.*	+																Europe, Australie.
— setigera *Bright.*	+																Europe, Ile Nicobar, Mer du Japon.
— Shrubsolii *Cleve.*	+																Entre l'Islande et le Groenland, Ile Sheppey.

Espèces et variétés Indo-Néerlandaises.	Java.	Mer de Java.	Sumbawa.	Bornéo.	Nouvelle-Guinée.	Sumatra.	Celebes.	Détroit de Macassar.	Moluques.	Timor.	Bali.	Flores.	Mer et Iles Soulou.	Mer de Banda.	Détroit de la Sonde.	Mer d'Harafoera.	Distribution en dehors des Indes-Néerlandaises.
Rhizosolenia																	
— striata *Grev.*																+	Australie.
— styliformis *Bright.*		+															Europe, Ile Nicobar, Barbades.
Isthmiella																	
— enervis *Cleve*	+				+												Europe, Honduras, Ile St. Bartholomé, Iles Barbades.
— minima *De Toni*	+																Iles Barbades.
Hemiaulus																	
— Heibergii *Cleve*	+																Mer de Chine et du Japon.
— membranaceus *Cleve*		+															
Odontella																	
— aurita *Ag.*	+				+												Europe, Amérique, Cap de Bonne Espérance, Ile Nicobar, Ile St. Paul.
— gallapagensis *De Toni*					+												Iles Galapagos.
— obtusa *Küts.*					+												Europe, Océan austral.
— plana *De Toni*	+																Nguey.
— reticulata *De Toni*	+			+	+	+											Ceylan, Natal, Honduras, Tahiti.
— Roperiana *De Toni*	+				+												
— turgida *De Toni*	+				+												Europe.
Biddulphia																	
— decipiens *Grun.*					+												Fossile.
— Gruendleri *Schmidt*	+																Yokohama.
— pulchella *Gray*	+			+	+		+										Europe, Afrique, Amérique, Canaries, Antilles.
regina *Smith*					+												Ile Skye, Baléares.
— Tuomeyi *Roper*				+	+									+			Europe, Amérique boréale, Nouvelle-Zélande.
Denticella																	
— armata *De Toni*					+												Ceylan.

Espèces et variétés Indo-Néerlandaises.	Java.	Mer de Java.	Sumbawa.	Bornéo.	Nouvelle Guinée.	Sumatra.	Celebes.	Détroit de Macassar.	Moluques.	Timor.	Bali.	Flores.	Mer et Iles Soulou.	Mer de Banda.	Détroit de la Sonde.	Mer d'Harafoera.	Distribution en dehors des Indes-Néerlandaises.
Denticella																	
— chinensis *De Toni*	+	+															Hongkong, Nouvelle-Zélande.
— indica *Ehrenb.*		+															
— mobiliensis *Grun.*	+																Europe, Amérique.
— rhombus *Ehrenb.*	+					+											Europe.
— tridentata *Ehrenb.*						+											
— zanzibarica *De Toni*	+																Zanzibar.
Zygoceros																	
— balaena *Ehrenb.*	+					+											Europe.
Anaulus																	
— briostratus *Grun.*						+											Amérique boréale, Pérou, Nouvelle-Zélande, Iles Vierges, St. Bartholomé, Baléares.
— mediterraneus *Grun.*						+											Baléares.
— minutus *Grun.*				+													Iles Secellas.
Hydrosera																	
— triquetra *Wallich*	+																Gange, Bengale, Calcuta, Australie.
— Wampoensis *Schw.*	+					+											Chine, Philippines, Iles Maurice.
Amphitetras																	
— arisata *Shadb.*	+					+											Port Natal, Honduras.
— bicornis *De Toni*	+					+											Californie, Ile St. Bartholomé.
— canalifera *De Toni*																+	Bolivie, Japon.
— zonatula *De Toni*	+					+											Singapore, Sandwich.
— — f. trigona (*Schmidt*)												+					
Triceratium																	
— annulatum *Wall.*	+	+				+											

Espèces et variétés Indo-Néerlandaises.	Java.	Mer de Java.	Sumbawa.	Bornéo.	Nouvelle-Guinée.	Sumatra.	Celebes.	Détroit de Macassar.	Moluques.	Timor.	Bali.	Flores.	Mer et Iles Soulou.	Mer de Banda.	Détroit de la Sonde.	Mer d'Ilarafoera.	Distribution en dehors des Indes-Néerlandaises.
Triceratium																	
— arcticum *Brightw.*						+											Europe, Vancouver, Cap de Bonne-Espérance.
— biquadratum *Janisch*						+											Leton Bank.
— Browneanum *Grev.*						+											Amérique boréale.
— celebense *Schmidt*							+										
— dubium *Brightw.*	+					+											
— favus *Ehrenb.*	+					+											Europe.
— — var. minor *Leud.-Fortm.*	+					+											
— — var. quadratum *Grun.*							+										
— — var. spinigerum *Cleve.*	+	+															
— formosum *Brightw.*	+																
— — var. pentagonalis *Schmidt*	+																
— genuinum *Schmidt*							+										Samoa.
— impressum *Grun.*	+					+											
— orbiculatum *Shadb.*							+										Port Natal, Honduras.
— pardus *Schmidt*							+										
— punctatum *Brightw.*	+			+													Europe, Iles Vierges, St. Bartholomé, Honolulu, Port Natal.
— Robertsianum *Grev.*								+									Queensland.
— — f. inermius *Schmidt*								+									
— sarcophagus *Castr.*	+																
— Shadboltianum *Grev.*	+																Iles Samoa, Tahiti.
— scitulum *Brightw.*							+										Golfe de Mexique et de Campêche.
— spinosum *Bail.*							+										Europe, Baie de Campêche, Iles Vierges.
— striolatum *Ehrenb.*							+										Europe.
— tripos *Cleve.*							+										Galapagos.

Espèces et variétés Indo-Néerlandaises.	Java.	Mer de Java.	Sumbawa.	Bornéo.	Nouvelle Guinée.	Sumatra.	Celebes.	Détroit de Macassar.	Moluques.	Timor.	Bali.	Flores.	Mer et Iles Soudou.	Mer de Banda.	Détroit de la Sonde.	Mer d'Harafoera.	Distribution en dehors des Indes-Néerlandaises.
Triceratium																	
— tripos f. major *Schmidt*							+										
Eucampia																	
— Zodiacus *Ehrenb.*	+	+															Europe.
Moelleria																	
— cornute *Cleve*	+																
Chaetoseros																	
— aequatorialis *Cleve*		+															
— bacteriastrum *Wall.*																	Ile Nicobar.
— — var. hispidus *Castr.*																+	
— coarctatus *Laud.*	+																Hongkong.
— compressus *Laud.*		+															Hongkong.
— curvatus *Castr.*	+																
— denticulatus *Laud.*		+															Hongkong.
— distans *Cleve*		+															
— diversus *Cleve*		+															
— javanicus *Cleve*		+															
— levis *Leud.-Fortm.*	+																
— Lorenzianum *Grun.*	+													+			Europe, Ile Nicobar.
— paradoxus *Cleve*		+															
— peruvianus *Brightw.*		+															Fossile Pérou.
— protuberans *Laud.*		+															Hongkong.
— Ralfsii *Cleve*		+															
— rudis *Leud. Fortm.*	+																
— secundus *Cleve*		+													+		

Espèces et variétés Indo-Néerlandaises.	Java.	Mer de Java.	Sumbawa.	Bornéo.	Nouvelle-Guinée.	Sumatra.	Celebes.	Détroit de Macassar.	Moluques.	Timor.	Bali.	Flores.	Iles Soulou.	Mer et Banda.	Mer de la Sonde.	Mer d'Arafoera.	Distribution en dehors des Indes-Néerlandaises.
Chaetoceros																	
— Spirillum *De Toni*	+															+	
— symmetricus *De Toni*	+																
— varians *v. H.*	+	+			+								+	+			Europe, Hongkong, Ile Nicobar.
— Wighamii *Brightw.*	+																Europe.
Syringidium																	
— americanum *Bail.*	+																Amérique australe, Bengale, Ile de la Trinité.
— Daemon *Grev.*	+																Hongkong.
Corethron																	
— pelagicum *Brun.*	+																Hongkong, Mer des Indes, Nouvelle-Hollande.
Dytilium																	
— Brightwellii *Grun.*	+	+															Europe, Ile St. Paul.
— Sol *v. H.*	+																Mer de Chine.
Rutilaria																	
— philippinarum *Cl. et Grove.*								+									
Auliscus																	
— caribaeus *Cleve.*	+																Darien.
— coelatus *Bail.*	+						+						+				Ile Maurice, Amérique boréale et australe, Samoa, Nouvelle-Galles du Sud, Australie, Japon, Chine.
— — var. latecostata *Schmidt*	+						+										Bass straits, Yokohama, Baie de Campêche.
— — var. strigillata *Schmidt*							+										Iles Baléares, Bahia, Yokohama.
— — var. tenius *Rattr.*														+			Singapore.
— gigas *Ehrenb.*	+																Fossile.
— punctatus *Bail.*	+																Europe, Ste Monique, Nouvelle-Zélande, Japon, St. Bartholomé, Ile Galapagos, Amérique australe, Australie.

Espèces et variétés Indo-Néerlandaises.	Java.	Mer de Java.	Sumbawa.	Bornéo.	Nouvelle-Guinée.	Sumatra.	Célebes.	Détroit de Macassar.	Moluques.	Timor.	Bali.	Flores.	Mer et Iles Soulou.	Mer de Banda.	Détroit de la Sonde.	Mer d'Harafoera.	Distribution en dehors des Indes-Néerlandaises.
Auliscus																	
— reticulatus *Grev*						+			+								Zanzibar, Bass straits, Pérou, Mer Rouge.
— sculptus *Ralfs*						+											Europe, Smyrne, Australie.
— Stockhardtii *Janisch*				+													
— Treubii *Leud.-Fortm*						+											
Pseudo-Auliscus																	
— nebulosus *Rattr*				+													Philippines.
Cerataulus																	
— labuensis *Cleve*				+		+											
— levis *Ralfs*																	Europe.
— — var. pangeroni *Leud.-Fortm*	+																
— Petiti *Leud.-Fortm*	+																
— Smithii *Ralfs*	+																Europe.
Aulacodiscus																	
— Argus *Schmidt*	+				+												Amérique boréale, Europe.
— aucklandicus *Grun*					+												Nouvelle-Zélande.
— Kittonii *Arn*																	Nouvelle-Zélande, Amérique boréale et australe.
— — var. africana *Rattr*	+				+												Banana, Congo et Iles Marquises.
— macroeanus *Grev*					+												Ceylan, Tamatave, Philippines.
— margaritaceus *Ralfs*	+																Californie, Nouvelle-Calédonie, Sierra Leone, Rio-Janeiro, Brésil, Samoa.
— oregonus *Harv. et Bail*	+																Oregon, Californie, Océan austral, Pérou.
— orientalis *Greg*						+											Iles Sandwich, Ceylan, Nicobar, Océan indien, Philippines.
— scaber *Ralfs*						+											Fossile.

Espèces et variétés Indo-Néerlandaises.	Java.	Mer de Java.	Sumbawa.	Bornéo.	Nouvelle Guinée.	Sumatra.	Celebes.	Détroit de Macassar.	Moluques.	Timor.	Bali.	Flores.	Mer et Iles Soulou.	Mer de Banda.	Détroit de la Sonde.	Mer d'Harafoera.	Distribution en dehors des Indes-Néerlandaises.
Lampriscus																	
— Leudugeri *Deby*					+												
Stephnopyxis																	
— ferox *Ralfs*					+												Fossile.
— Kittoniana *Castr*	+																Iles Philippines.
— palmeriana *Grun*	+																Hongkong, Australie.
— robusta *Leud.-Fortm*	+																
— superba *Grun*						+											Fossile.
— turris *Ralfs*																+	Europe, Brésil.
Sceletonema																	
— costatum *Cleve*	+	+															Europe, Hongkong, St. Bartholomé.
Thalassiosira																	
— dubia *Leud.-Fortm*	+																
Actinocyclus																	
— appendiculatus *Rattr*	+																
— complanetus *Castr*						+											Baie du Mexique, Mer du Japon, Siam, Hongkong, Cambodge, Singapore, Iles Philippine, Mer d'Aff.
— concentricus *Rattr*																+	Penang Harbour.
— confluens *Grun*	+																Océan Indien, Ste Monique, Monterey.
— fulvus *Ralfs*						+											Europe.
— pruinosus *Castr*						+											Océan pacifique, Philippines, Maurice, Brésil, Manille.
— pusillus *Grove*						+											
— Ralfsii *Ralfs*		+															Pérou, Californie, Nouvelle-Zélande, Europe, Iles Sandwich, Rio Janeiro, Brodick Bay.
— subtilis *Ralfs*					+												Europe, Hongkong, Chili, Pérou, Manille, Pernambone, Iles Sandwich, Açores, Ste Monique.

Espèces et variétés Indo-Néerlandaises.	Java.	Mer de Java.	Sumbawa.	Bornéo.	Nouvelle-Guinée.	Sumatra.	Celebes.	Détroit de Macassar.	Moluques.	Timor.	Bali.	Flores.	Mer et Iles Soulou.	Mer de Banda.	Détroit de la Sonde.	Mer d'Arafoera.	Distribution en dehors des Indes-Néerlandaises.
Endyctia																	
— minor *Schmidt*							+										Fosille.
Coscinodiscus																	
— apiculatus *Ehrenb*																	Amérique boréale.
— — var. Woodwardii *Rattr*	+																Amérique, Nouvelle-Zélande.
— Argus *Ehrenb*														+			Europe, Algerie, Océan Indien, Barbades, Amérique boréale et australe, Cambodge, Japon, Chine.
— asteromphalus *Ehrenb*	+																Amérique boréale.
— biradiatus *Grev*	+																Fossile.
— bipartitus *Rattr*	+																
— bisinuatus *Grun*						+											
— blandis *Schmidt*	+																Golfe du Mexique.
— concavus *Grev*	+	+															
— concinnus *Smith*	+	+															Europe, Amérique australe et boréale, Kerguelen.
— — var. Jonesianus *Rattr*	+	+														+	Hongkong, Yokohama, Singapore, Australie, Ceylan, Golfe du Bengale, Brésil, Europe etc.
— — var. arafurensis *Grun*																+	Entre l'Ile Heard et l'Ile Kerguelen.
— decipiens *Grun*				+													Mer Caspienne, Lamlash, Woolwich.
— decrescens *Grun*																	Floride, Iles Faroe.
— — var. repletus *Grun*								+									Terre de François Joseph, Japon.
— dubiosus *Grove*	+																Kerguelen.
— elegans *Grev*	+												+				Japon, Californie.
— eutoleion *Grun*	+																Europe.
— excentricus *Ehrenb*	+					+	+										Europe, Amérique boréale et australe, Singapore, Golfe d'Aden, Japon, Océan antarctique etc.

Espèces et variétés Indo-Néerlandaises.	Java.	Mer de Java.	Sumbawa.	Bornéo.	Nouvelle Guinée.	Sumatra.	Célèbes.	Détroit de Macassar.	Moluques.	Timor.	Bali.	Flores.	Mer et Iles Soulou.	Mer de Banda.	Détroit de la Sonde.	Mer d'Harafoera.	Distribution en dehors des Indes-Néerlandaises.
Coscinodiscus																	
— fimbriatus *Ehrenb*.						+											Fossile.
— fragilissimus *Grun*.																	
— gigas *Ehrenb*.		+															Amérique boréale, Hongkong, Golfe du Bengale.
— — var. diorama *Grun*.	+					+											Fossile.
— Hauckii *Grun*.				+													Adriatique, Groenland.
— heteroporus *Ehrenb*.				+													Amérique boréale, Bengale, Manille.
— javanicus *Grun*.	+																
— Janischii *Schmidt*.	+																Golfe de Californie.
— — var. arafurensis *Grun*.																+	Golfe du Bengale, Océan Atlantique.
— Kützingii *Schmidt*.	+																Europe, Océan Arctique et Antartique.
— leptopus *Grun*.							+										Ile de l'Ascension, Baléares, Ocean Indien.
— lineatus *Ehrenb*.	+	+		+		+											Mer des Indes, Kamtschatka, Japon, Chine, Amérique boréale et australe, Golfe d'Aden etc.
— mesoleius *Cleve*.				+													
— minor *Ehrenb*.						+								+			Europe, Afrique australe, Détroit de Davis, Iles Fidji, Amérique australe.
— moravicus *Grun*.						+											Fossile.
— nitidulus *Grun*.	+						+										Baie de Campêche, entre Aden et Bab-el-Mandeb, Hongkong, Rio-Janeiro, Cambodge.
— nitidus *Greg*.				+				+									Europe, Manille, Tamatave, Rio-Janeiro, Baie de Campêche, Iles Andaman, Galapagos et Iles Vierges.
— nobilis *Grun*.	+			+		+										+	Europe, Hongkong, Golfe de Guinée.
— nodulifer *Janisch*.						+		+									Pérou, Océan Indien, Océan Atlantique, Iles de l'Ascension, Galapagos, Golfe d'Aden.
— obscurus *Schmidt*.	+																Océan.

Espèces et variétés Indo-Néerlandaises.	Java.	Mer de Java.	Sumbawa.	Bornéo.	Nouvelle-Guinée.	Sumatra.	Celebes.	Détroit de Macassar.	Moluques.	Timor.	Bali.	Flores.	Mer et Iles Soulou.	Mer de Banda.	Détroit de la Sonde.	Mer d'Harafoera.	Distribution en dehors des Indes-Néerlandaises.
Coscinodiscus																	
— oculus-iridis *Ehrenb.*	+					+										+	Europe, Asie, Amérique boréale et australe.
— — var. Stelliger *Smith.*	+																
— pellucidus *Grun.*						+											Détroit de Davis et de Magellan, Groenland.
— perforatus *Ehrenb.*	+					+											Europe.
— pusillus *Grev.*							+										
— radiatus *Ehrenb.*	+					+											Europe, Afrique boréale, Amérique boréale et australe, Asie, Ile de l'Ascension, Iles Faroe.
— — var. minor *Schm.*						+											Rio Janeiro, Boie de Campêche, Japon, Mer Caspienne, Manille, Nankoori, Hvidnigsoe.
— radiopunctatus *Hart.*															+		
— Rothii *Grun.*							+									+	Ceylan, Europe, Mer Caspienne, Manille, Amérique australe et boréale Ile Kerguelen, Iles Vierges.
— sol *Wall.*	+	+															Mer australes, Golfe de Guinée.
— subconcavus *Grun.*	+																Fossile.
— subtilis *Ehrenb.*	+					+											Europe, Amérique boréale et australe, Asie, plusiers iles de l'Océanie.
— suspectus *Janisch.*	+																Californie.
— symmetricus *Grev.*							+										Iles Philippines.
— tumidus *Janisch.*							+										Afrique australe, Océan antarctique, Patagonie.
Arachnoidiscus																	
— Ehrenberghii *Bail* et *Har.*								+									Europe, Japon.
Stictodiscus																	
— Rotula *Grev.*												+					Océan Austral.
Euodia																	
— capillaris *Brun.*	+																Hongkong, Sydney.

Espèces et variétés Indo-Néerlandaises.	Java.	Mer de Java.	Sumbawa.	Bornéo.	Nouvelle Guinée.	Sumatra.	Celebes.	Détroit de Macassar.	Moluques.	Timor.	Bali.	Flores.	Mer et Iles Soulou.	Mer de Banda.	Détroit de la Sonde.	Mer d'Harafoera.	Distribution en dehors des Indes-Néerlandaises.
Euodia																	
— gibba *Bail*	+																Indes, Ceylan, Zanguebar.
— inornata *Castr*	+																
Gallionella																	
— nummuloides *Bory*					+												Europe, Amérique boréale.
Melosira																	
— distans *Kütz*				+						+							Europe.
— crenulata *Kütz*										+							Europe, Amérique boréale.
— — var. javanica *Grun*	+																
— labuensis *Cleve*				+													
— octogona *Schmidt*							+										
— Roeseana *Rabenh*	+																Europe.
— — var. spiralis *Grun*	+																Europe.
— sculpta *Kütz*						+											Fossile.
— undulata *Müller*	+																Amérique boréale.
Paralia																	
— sulcata *Ehrenb*						+	+										Europe, Amérique boréale.
Cyclotella																	
— Kützingiana *Thw*						+											Europe.
— Meneghiana *Kütz*	+					+											Europe.
— striata *Grun*	+					+											Europe, Bengale, Sierra-Leone, Delaware, Chine.
— — var. baltica *Grun*						+											Europe.
Podosira																	
— Argus *Grun*						+											Fossile.
— Feligerii *Grun*						+	+										Californie.

Espèces et variétés Indo-Néerlandaises.	Java.	Mer de Java.	Sumbawa.	Bornéo.	Nouvelle Guinée.	Sumatra.	Celebes.	Détroit de Macassar.	Moluques.	Timor.	Bali.	Flores.	Mer et Iles Soulou.	Mer de Banda.	Détroit de la Sonde.	Mer d'Harafoera.	Distribution en dehors des Indes-Néerlandaises.
Podosira																	
— hormoides *Kütz.*	+																Europe, Océan pacifique.
— Montagnei *Kütz.*	+																Europe, Mer des Antilles.
— variegata var. sumatrensis *Leud.-Fortm*						+											
Hyalodiscus																	
— levis *Ehrenb.*																	Amérique boréale.
— — var. yarrensis *Grun.*	+																Kerguelen.
— radiatus *Grun.*																	Kerguelen.
— — var. maximus *Cleve*						+											Europe, Mer Caspienne.
— stelliger *Bail.*	+																Europe, Iles Vierges.
— subtilis *Bail.*	+																Sierra Leone, Kamtschatka.
Actinoptychus																	
— adriaticus *Grun.*																	Europe.
— — var. balearicus *Grun.*	+																Baléares.
— Grunowii *Schmidt*								+									
— hexagonus *Grun.*	+					+											Singapore.
— — var. decumanus *Schmidt*	+																
— laevigatus *Grun.*	+																Yokohama.
— splendens *Shadb.*	+					+											Europe.
— — var. halionyx *Grun.*	+																Fossile.
— sumatrensis *Leud.-Fortm.*						+											
— undulatus *Ralfs.*	+					+											Europe, Bermudes, Amérique boréale et australe, Nicobar, Cap de Bonne-Espérance.
Schuettia																	
— trilingulata *De Toni*	+					+											Indes occidentales.

Espèces et variétés Indo-Néerlandaises.	Java. Mer de Java.	Sumbawa.	Bornéo.	Nouvelle-Guinée.	Sumatra.	Celebes.	Détroit de Macassar.	Moluques.	Timor.	Bali.	Flores.	Mer et Iles Soulou.	Mer de Banda.	Détroit de la Sonde.	Mer d'Harafoera.	Distribution en dehors des Indes-Néerlandaises.
Asterolampra																
— marylandica *Ehrenb.*	+ +		+		+											Amérique boréale, Zanzibar, Océan Indien, Alexandrie, Europe, Ile de la Trinité.
Asteromphalus																
— Cleveanus *Grun.*	+ +															
— flabellatus *Grev.*	+ +															Europe, Baie de Campêche, Yokohama, Hongkong, Remhang Bay, Reignmonth.
— Hookeri *Ehrenb.*							+									Océan antarctique.
— reticulatus *Cleve.*	+															
— Wallichianus *Ralfs*	+															Fossile.
Spermatogonia																
— antiqua *Leud.-Fortm.*	+															
Sargassum																
— angustifolium *Ag.*			+		+											Hindoustan, Nouvelle-Hollande.
— aquifolium *J. Ag.*									+		+		+			Golfe persique, Mer Rouge, Iles de l'Amirante.
— Belangerii *Bory*	+															Philippines.
— Binderi *Sonder*	+					+	+							+		Mer de Chine, Philippines, Nouvelle-Hollande.
— capillare *Kütz.*						+										Mer des Indes.
— concinnum *Grev.*						+										Hindoustan.
— cristaefolium *Ag.*						+					+					Ceylan, Philippines, Comores.
— — var. upsalense *Grun.*			+													
— duplicatum *J. Ag.*								+								Océan Indien, Mascareignes.
— enerve *Ag.*						+										Mer de Corée.
— flavicans *Ag.*						+										Nouvelle-Hollande, Golfe de Carpentarie.
— gracile *Ag.*	+															

Espèces et variétés Indo-Néerlandaises.	Java.	Mer de Java.	Sumbawa.	Bornéo.	Nouvelle-Guinée.	Sumatra.	Celebes.	Détroit de Macassar.	Moluques.	Timor.	Bali.	Flores.	Mer et Iles Soulou.	Mer de Banda.	Détroit de la Sonde.	Mer d'Harafoera.	Distribution en dehors des Indes-Néerlandaises.
Sargassum																	
— gracile var. pseudo-granuliferum *Grun*																	Australie, Océan pacifique.
— — — f. latifolium *Grun*					+												Australie boréale occidentale, Océan pacifique.
— granuliferum *Ag*						+	+		+								Océan Indien.
— Grevillei *Ag*	+			+		+	+										Hindoustan, Iles Natunas et Sinas.
— heterocystum *Mont*										+							Cochinchine.
— — var. timoriense *Grun*										+							
— Hombronianum *Mont*						+	+			+							Entre la Nouvelle-Guinée et l'Australie.
— hystrix *Ag*										+							Océan Atlantique de Bahama en Mexique et Terre-Neuve.
— ilicifolium *J. Ag*	+								+	+		+			+		Iles de l'Amirauté.
— latifolium *Ag*										+							Mer Rouge.
— marginatum *Ag*	+											+					Océan Indien.
— microcystum *Ag*							+		+	+		+					Manille, Singapore, Queensland, Australie, Chine.
— myriocystum *Ag*	+									+							Mer de Chine, Hindoustan, Australie.
— oligocystum *Mont*															+		
— parvifolium *Ag*	+					+	+										Chine, Singapore, Cochinchine, Nouvelle-Hollande, Australie.
— plagiophyllum *Ag*																	Malacca, Nouvelle-Hollande, Indes orientales.
— polycystum *Ag*	+			+		+	+		+	+					+		Indes, Cochinchine, Singapore, Ile de France, Philippines.
— pulchellum *Grun*				+	+												Singapore.
— pyriforme *Ag*				+		+				+							
— siliquosum *Ag*	+			+		+	+		+								Singapore, Mer de Chine, Philippines.
— spathulaefolium *Ag*	+													+			Ceylan, Hindoustan, Mer Rouge.
— Swartzii *Ag*				+													Hindoustan, Nouvelle-Hollande.
— telephifolium *Ag*															+		Mer Rouge.

Espèces et variétés Indo-Néerlandaises.	Java.	Mer de Java.	Sumbawa.	Bornéo.	Nouvelle Guinée.	Sumatra.	Celebes.	Détroit de Macassar.	Moluques.	Timor.	Bali.	Flores.	Mer et Iles Soulou.	Mer de Banda.	Détroit de la Sonde.	Mer d'Haraïoera.	Distribution en dehors des Indes-Néerlandaises.
Turbinaria																	
— conoides *Kütz*						+	+										Ceylan, Singapore, Chine, Mansar, Mangelore, Détroit de Torrès, Nouvelle-Hollande, Mangaia, Mer Rouge.
— — var. evesiculosa *Bart*	+																
— decurrens *Bory*	+				+	+											Mer Rouge, Somali, Andaman, Amirauté, Détroit de Torrès, Chine.
— dentata *Bart*							+										
— heterophylla *Kütz*	+														+		Jamaique, Guadeloupe, Porto-Rico, Madras, Singapore, Mer de Chine, Nouvelle-Hollande, Cap de Bonne-Espérance.
— Murrayana *Bart*					+		+										
— ornata *Ag*	+				+		+		+			+					Iles de l'Amitié, Tahiti, Mariannes, Sandwich, Australie, Andaman, Rodriquez, Nouvelle-Zélande, Samoa.
— tricostata *Bart*																	Guadeloupe, Porto-Rico, Bahama.
— — var. Weberae *Bart*	+																
Marginaria																	
— Boryana *Mont*	+																Nouvelle-Zélande.
Cystophyllum																	
— muricatum *Ag*															+		Nouvelle-Hollande, Iles de l'Amirauté.
Cystoseira																	
— latifrons *Kütz*										+							Mer de Chine.
Dictyota																	
— adnata *Zanard*				+													
— Beccariana *Zanard*			+														
— dichotoma *Lamour*			+										+				Europe, Philippines, Amirauté, Natal, Nouvelle-Zélande, Japon.
— lata *Lamour*							+				+		+				Indes orientales, Philippines.
— linearis *Grev*	+																Europe, Canaries, Amérique tropicale, Natal, Ceylan.

Espèces et variétés Indo-Néerlandaises.	Java.	Mer de Java.	Sumbawa.	Bornéo.	Nouvelle-Guinée.	Sumatra.	Celebes.	Détroit de Macassar.	Moluques.	Timor.	Bali.	Flores.	Mer et Iles Soudou.	Mer de Banda.	Détroit de la Sonde.	Mer d'Harafoera.	Distribution en dehors des Indes-Néerlandaises.
Dictyota																	
— maxima *Zanard.*				+													
— pardalis *Kütz.*										+							Antilles.
— nigrescens *Zanard.*					+												
Padina																	
— Commersonii *Bory*					+				+								Mariannes, Ile de France, Ceylan, Nouvelle-Hollande, Iles des Amis, Sandwich, Japon Mer Rouge, Ste Croix, Floride, Porto-Rico, Guadeloupe.
— Durvillei *Bory*					+												Amérique boréale et australe, Ile de France.
— Fraseri *Ag.*	+								+	+							Nouvelle Hollande, Hindoustan, Natal.
— Pavonia *Lamour.*	+			+													Europe, Asie, Amérique, Océanie.
Zonaria																	
— membranacea *Zanard.*					+												
— parvula var. duplex *Heydrich*					+												
Haliseris																	
— Woodwardia *Ag.*									+								Australie, Mer de Chine.
Ralfsia																	
— expansa *Ag.*								+									Golfe du Mexique, Vera-Cruz.
Asperococcus																	
— fastigiatus *Zanard.*					+												
Hydroclathrus																	
— cancellatus *Bory*	+			+	+					+							Océan Atlantique, Mer Rouge, Ile de France, Tahiti, Japon, Nouvelle-Hollande, Algérie.
Colpomenia																	
— sinuosa *Derb. et Sol.*	+																Europe, Océan Atlantique, Brésil, Mexique, Malonines, Mer Rouge, Madras, Océan pacifique, Nouvelle-Hollande, Japon, Tasmanie.

Espèces et variétés Indo-Néerlandaises.	Java.	Mer de Java.	Sumbawa.	Bornéo.	Nouvelle-Guinée.	Sumatra.	Célèbes.	Détroit de Macassar.	Moluques.	Timor.	Bali.	Flores.	Mer et Iles Soulou.	Mer de Banda.	Détroit de la Sonde.	Mer d'Harafoera.	Distribution en dehors des Indes-Néerlandaises.
Sphacelaria																	
— caespitula *Ag.*				+													Europe.
— cirrosa *Ag.*										+							Europe, Amérique boréale, Acores, St. Vincent, Mer Rouge, Japon.
— furcigera *Kütz.*					+	+											Mer Rouge, Océan Indien, Océan Pacifique austral, Réunion, Dirk Hartog, Amirauté, Cap York, Port Dénison.
— radicans *Ag.*						+								+			Europe.
— tribuloides *Menegh.*					+									+			Europe, Mer Rouge, Amérique boréale et australe, Port Natal, Australie, Guadeloupe, Hawai.
Stypocaulon																	
— funiculare *Kütz.*	+																Cap Horn, Kerguelen, Tristan d'Acunha, Auckland, Nouvelle-Zélande, Australie, Cap de Bonne-Espérance.
— scoparium *Kütz.*																	Europe, Afrique.
— — f. compacta *Heydrich*				+													
Ectocarpus																	
— elachistaeformis *Heydrich*				+													
— indicus *Sonder*	+			+				+		+							Ile de l'Amitié, Hawai, Australie, Singapore.
Streblonema																	
— minutula *Heydr.*				+													
Eutodesmus																	
— scenedesmoides *Borzi*				+													
Thorea																	
— ramosissima *Bory*	+																Europe, Amérique.
flagelliformis *Zanard.*				+													

Espèces et variétés Indo-Néerlandaises.	Java.	Mer de Java.	Sumbawa.	Bornéo.	Nouvelle Guinée.	Sumatra.	Célèbes.	Détroit de Macassar.	Moluques.	Timor.	Bali.	Flores.	Mer et Iles Soulou.	Mer de Banda.	Détroit de la Sonde.	Mer d'Harafoera.	Distribution en dehors des Indes-Néerlandaises.
Batrachospermum																	
— bornense *Zanard.*				+													
— guianense *Kütz.*						+											Cayenne.
— moniliforme *Roth*		+															Europe.
— villosum *Zanard.*				+													
Chantransia																	
— microscopica *Fosl.*					+												Europe.
— mirabilis *Ileydr.*					+												Europe.
— secundata *Thur.*					+												Europe.
Galaxaura																	
— annulata *Lamour.*					+			+									Mer des Indes, Maurice, Sandwich.
— fastigiata *Decaisne.*										+							Philippines.
— fragilis *Kütz.*																	Mer Rouge, Indes occidentales.
— — var. occidentalis *Ag.*								+		+							
— lapidescens *Lamour.*							+	+									Canaries, Mer Rouge, Madagascar, Australie, Japon.
— — f. villosa *Soland.*					+												
— rugosa *Ag.*										+							Antilles.
— scinaioides *Ileydr.*																	
Caulacanthus																	
— spinellus *Kütz.*			+														Nouvelle-Zélande.
— ustulatus *Kütz.*			+	+													Europe.
Gelidium																	
— Amansii *Lamour.*								+									Madagascar, Maurice, Mer de Chine, Philippines.
— crinali *Lamour.*	+									+							Europe, Amérique.
— latifolium *Bornet.*										+							Europe.

Espèces et variétés Indo-Néerlandaises.	Java.	Mer de Java.	Sumbawa.	Bornéo.	Nouvelle Guinée	Sumatra.	Celebes.	Détroit de Macassar.	Moluques.	Timor.	Bali.	Flores.	Mer et Iles Soulou.	Mer de Banda.	Détroit de la Sonde.	Mer d'Harafoera.	Distribution en dehors des Indes-Néerlandaises.
Gelidium																	
— latifolium var. hystrix *Hauck*					+												Europe.
— rigidum *Vahl*	+				+					+							Antilles, Brésil, Mer Rouge, Mascareignes, Ceylan, Hindoustan, Mariannes, Otaite, Tond.
— secundatum *Zanard.*					+												Europe.
— Zollingeri *Sond.*	+																
Porphyroglossum																	
— Zollingeri *Kütz.*	+																
Gigartina																	
— Chauvinii *Mont.*																	Amérique australe, Nouvelle-Zélande.
— — var. javanica *Sond.*	+																
Kallymenia																	
— dentata *Ag.*										+							
Catenella																	
— nipae *Zanard.*				+													
— Opuntia *Grev.*									+								Océan atlantique, des Orcades à Gadès, Nouvelle-Zélande, Amérique australe.
Eucheuma																	
— crassum *Zanard.*				+													
— spinosum *Ag.*	+		+		+	+	+										Océan Indien, Australie, Japon, Cap de Bonne-Espérance.
— — f. compacta *Heydr.*									+								
— — f. papillosa *Heydr.*									+								
Sphaerococcus																	
— corallopsis *Mont.*	+				+				+								La Havane, Philippines.
Ceratodyctyon																	
— spongiosum *Zanard.*				+													

Espèces et variétés Indo-Néerlandaises.	Java.	Mer de Java.	Sumbawa.	Bornéo.	Nouvelle-Guinée.	Sumatra.	Celebes.	Détroit de Macassar.	Moluques.	Timor.	Bali.	Flores.	Mer et Iles Soudou.	Mer de Banda.	Détroit de la Sonde.	Mer d'Harafoera.	Distribution en dehors des Indes-Néerlandaises.
Gracilaria																	
— confervoides *Ag.*				+													Indes occidentales, Mer de Chine, Philippines, Europe, Afrique.
— lichenoides *Ag.*	+			+		+			+	+							Maurice, Ceylan, Indes occidentales, Philippines.
Corallopsis																	
— salicornia *Grev.*																	Polynésie.
— — var. simplicior *Ag.*						+											Mariannes.
Hypnea																	
— divaricata *Lamour.*	+					+				+							Maurice, Mer de Chine, Philippines, Nouvelle-Hollande.
— — var. ramulosa *Ag.*	+					+				+							
— musciformis *Wulf.*	+						+										Ceylan, Cap Comorin, Singapore, Tond., Europe, Ocean Atlantique de Gadès au Brésil.
— rugulosa *Mont.*	+								+								Tond.
— spicifera *Ag.*	+																Cap de Bonne-Espérance?
— spinella *Ag.*	+										+						Bourbon.
Rodymenia																	
— cinnabarina *Ag.*									+								Mer des Indes.
— javanica *Sonder*	+																
— palmata *Grev.*																	Océan atlantique et pacifique.
— — var. marginifera *Zoll.*	+																
Sebdenia																	
— ceylanica *Heydr.*					+												
Lomentaria																	
— parvula *Ag.*												+					Europe.
— — f. tenera *Kütz.*									+								Vera-Cruz.

Espèces et variétés Indo-Néerlandaises.	Java.	Mer de Java.	Sumbawa.	Bornéo.	Nouvelle-Guinée.	Sumatra.	Celebes.	Détroit de Macassar.	Moluques.	Timor.	Bali.	Flores.	Mer et Îles Soulou.	Mer de Banda.	Détroit de la Sonde.	Mer d'Harafoera.	Distribution en dehors des Indes-Néerlandaises.
Plocamium																	
— patens v. *Mart.*										+							Philippines.
Martensia																	
— Beccarriana *Zanard.*					+												
Delesseria																	
— adnata *Zanard.*				+													
— Beccarii *Zanard.*				+													
Taenioma																	
— perpusillum *Ag.*									+								
Zellera																	
— tawalliana v. *Mart.*									+								
Bostrychia																	
— bryophila *Zanard.*			+														
— crassula *Heydr.*				+													
— fulcata *Zanard.*				+													
— mixta *Hook. et Harv.*									+								Cap de Bonne-Espérance.
— simplicipila *Zanard.*				+													
Laurencia																	
— canaliculata *Ag.*	+																
— corymbifera *Kütz.*				+													Cap de Bonne-Espérance.
— divaricata *Ag.*					+												Afrique méridionale.
— Forsteri var. delicatula *Sonder*					+												
— laxa *R. Br.*					+												Cap de Bonne-Espérance.
— obtusa *Huds.*	+																Bourbon, Ceylan, Philippines, Polynésie, Océan atlantique de l'Angleterre au Brésil, Océan pacifique, Cap de Bonne-Espérance.

Espèces et variétés Indo-Néerlandaises.	Java.	Mer de Java.	Sumbawa.	Bornéo.	Nouvelle Guinée.	Sumatra.	Celebes.	Détroit de Macassar.	Moluques.	Timor.	Bali.	Flores.	Mer et Iles Soulou.	Mer de Banda.	Détroit de la Sonde.	Mer d'Harafoera.	Distribution en dehors des Indes-Néerlandaises.
Laurencia																	
— pannosa *Zanard.*				+													
— papillosa *Ag.*	+			+						+					+		Maurice, Bourbon, Philippines, Polynésie, Europe, Mer Rouge.
— — var. thyrsoides *Kütz.*					+				+								
— seticulosa *Ag.*				+													Mer Rouge.
Amansia																	
— glomerata *Ag.*				+													Sandwich.
Acanthophora																	
— orientalis *Ag.*					+												
— Thierryi *Ag.*	+		+		+	+				+							Bourbon, Mer de Chine, Philippines, Polynésie, Amérique centrale, Iles Falkland, Détroit de Torrès.
Chondria																	
— tenuissima *Grev.*																	Océan atlantique, Europe, Van Diemens Land.
— — f. subtilis *Hauck.*					+												Europe.
Polysiphonia																	
— cervicornis *Kütz.*	+																
— coarctata *Kütz.*								+									
— inflata *v. Mart.*										+							
— javanica *v. Mart.*	+																
— pulvinata *Ag.*																	Europe, Canaries.
— — f. parvulata *Heydr.*				+													
— sertularioides *Ag.*								+									Europe.
— — var. tenerrima *Hauck.*	+																Europe.
Endosiphonia																	
— spinuligera *Zanard.*				+													

Espèces et variétés Indo-Néerlandaises.	Java.	Mer de Java.	Sumbawa.	Bornéo.	Nouvelle-Guinée.	Sumatra.	Celebes.	Détroit de Macassar.	Moluques.	Timor.	Bali.	Flores.	Mer et Îles Soulou.	Mer de Banda.	Détroit de la Sonde.	Mer d'Harafoera.	Distribution en dehors des Indes-Néerlandaises.
Polyzonia																	
— jungermannioides *Ag*					+												Mer Rouge.
Griffithsia																	
— Argus *Mont*									+								Canaries.
Spiridia																	
— clavata *Kütz*						+											Antilles, St. Thomas.
— filamentosa																	Europe, Antilles.
— — var. friabilis *Ag*							+										Europe.
Ceramium																	
— clavatum *Ag*									+								
— clavulatum *Ag*	+																Europe.
— pygmaeum *Kütz*									+								
Gloiopeltis																	
— tenax *Ag*									+								Chine, Hongkong.
Halymenia																	
— Durvillaei *Bory*												+					Philippines, Polynésie.
— floresia *Ag*									+								Europe, Afrique boréale.
— lacerata *Sond*				+													Australie.
Grateloupia																	
— filicina *Wulf*																	Hindoustan, Philippines, Océan atlantique, Europe, Cap de Bonne-Espérance.
— — var. elongata *Kütz*	+																
— — var. conferta *Kütz*	+																Philippines.
Mastocarpus																	
— Klenzeanus *Kütz*	+			+			+			+							

Espèces et variétés Indo-Néerlandaises.	Java.	Mer de Java.	Sumbawa.	Bornéo.	Nouvelle-Guinée.	Sumatra.	Celebes.	Détroit de Macassar.	Moluques.	Timor.	Bali.	Flores.	Mer et Iles Soulou.	Mer de Banda.	Détroit de la Sonde.	Mer d'Harafoera.	Distribution en dehors des Indes-Néerlandaises.
Peyssonellia																	
— Dubyi *Cronau*.					+												Europe.
— major *Kütz*.	+																Port Natal.
Melobesia																	
— farinosa *Lamour*.					+												Europe, Océan atlantique et Pacifique.
— membranacea *Ag*.				+													Europe, Océan atlantique et Pacifique.
— pustulata *Lamour*.						+											Europe, Océan atlantique.
Lithophyllum																	
— Lenormandi *Rosan*.					+												Europe.
Lithothammion																	
— racemus *Ag*.									+								Europe.
Amphiroa																	
— canaliculata *v. Mart*.	+																
— cryptarthrodia *Zanard*.					+												
— cultrata var. globulifera *v. Martens*.						+											
— cuspidata *Lamour*.								+									Amérique.
— cyathifera *Lamour*.								+									
— ephedraea *Harv*.						+											Nouvelle-Hollande.
— fragilissima *L*.										+							Europe, Bahama.
— galaxauroides *Sond*.	+																Nouvelle-Hollande.
Corallina																	
— tenella *Kütz*.					+												
Acrocystis																	
— nana *Zanard*.				+													

Espèces et variétés Indo-Néerlandaises.	Java.	Mer de Java.	Sumbawa.	Bornéo.	Nouvelle-Guinée.	Sumatra.	Celebes.	Détroit de Macassar.	Moluques.	Timor.	Bali.	Flores.	Mer et Iles Soulou.	Mer de Banda.	Détroit de la Sonde.	Mer d'Harafoera.	Distribution en dehors des Indes-Néerlandaises.
Hildenbrandtia																	
— Nardi *Zanard.*									+								Europe.
— sanguinea *Kütz.*						+											Europe.
Goniotrichum																	
— elegans *Le Jol.*					+												Europe.
— ceramicola *Lyngb.*					+					+							Europe.

TABLEAU II.

EXPOSE PAR GENRE DU NOMBRE D'ESPÈCES DES REGIONS GEOGRAPHIQUES.

Le second tableau est destiné à nous donner une idée statistique de la richesse, en espèce des genres de la Flore des 16 régions citées dans le premier tableau, et à permettre la comparaison de ces divers chiffres avec le nombre total des espèces connues pour le monde entier dans chacun des genres.

Il est presque superflu de dire que le nombre total des espèces d'un genre, ne peut être fixé avec certitude; en premier lieu par suite des découvertes se succédant et amenant journellement la connaissance de nouveaux types spécifiques, en second lieu parce que l'interprétation des organismes et leur intercalation sous les rubriques : espèce, variété, forme, varie d'auteur à auteur, en Algologie comme d'ailleurs dans toutes les parties de la cryptogamie; et même en phanérogamie on est encore loin d'être arrivé à une entente définitive et à savoir qu'elle valeur il faut accorder au mot espèce et à ses subdivisions.

Dans notre tableau les variétés et formes ont été rapportées au type. Pour être comparatif il fallait en effet que le relevé se fasse uniquement par espèce, c'est pourquoi nous n'avons pas tenu compte des variétés et formes, et lors même que le type ne se trouvait pas indiqué dans le domaine, mais qu'une variété s'y trouvait signalée, nous avons compté cette variété comme représentant le type.

De l'examen de ce tableau on peut conclure, que d'après les données actuelles sur la répartition des Algues, les 16 subdivisions géographiques considérées dans le domaine des Indes Néerlandaises, peuvent être rangées comme suit par ordre de richesse en Algues:

Java. 758

Sumatra. 515

Comme on le voit par ce tableau, l'Ile de Java (758 espèces) vient en tête de la série, cela se comprend aisément, Java est au point de vue de la Flore le territoire le mieux exploré des Indes Néerlandaises grâce à l'installation du Jardin botanique de Buitenzorg et la manière tout à fait remarquable dont cet établissement unique est dirigé par M. le Dr. M. Treub. Sumatra (515 espèces) suit Java d'assez près ; Bornéo (178 espèces) vient en troisième ligne, puis les chiffres décroissent rapidement.

Grâce aux recherches qui s'effectuent journellement, le nombre d'Algues de ces diverses parties de l'Archipel Indo-Néerlandais, ira en augmentant il est fort probable que nous ne connaissons actuellement qu'une minime partie des richesses algologiques de ces régions tropicales.

Genres de la Flore Indo-Néerlandaise.	Java.	Mer de Java.	Sumbawa.	Bornéo.	Nouvelle Guinée.	Sumatra.	Celebes.	Détroit de Macassar.	Moluques.	Timor.	Bali.	Florès.	Mer et Iles Soulou.	Mer de Banda.	Détroit de la Sonde.	Mer d'Harafoera.	Nombre total des espèces communes du genre.
Brachytrichia...	—	—	—	1	—	—	—	—	—	—	—	—	—	—	—	—	2
Rivularia......	1	—	—	—	—	—	—	—	—	—	—	—	—	—	—	—	14
Calothrix......	1	—	—	—	—	—	—	—	—	—	—	—	—	—	—	—	24
Stigonema	6	—	—	—	—	—	—	—	—	—	—	—	—	—	—	—	15
Nostochopsis...	—	—	—	—	—	1	—	—	—	—	—	—	—	—	—	—	1
Scytonema.....	11	—	—	2	2	1	—	—	—	—	—	—	—	—	—	—	28
Hassalia.......	—	—	—	1	—	—	—	—	—	—	—	—	—	—	—	—	2
Tolypotrix.....	1	—	—	2	1	—	—	—	—	—	—	—	—	—	—	—	7
Nostoc........	5	—	—	—	2	—	—	—	—	—	—	—	—	—	—	—	30
Anabaena......	3	—	—	—	—	—	—	—	—	—	—	—	—	—	—	—	12
Nodularia......	1	—	—	—	—	—	—	—	—	—	—	—	—	—	—	—	4
Cylindrospermum.......	1	—	—	—	—	—	—	—	—	—	—	—	—	—	—	—	6
Aulosira......	1	—	—	—	—	—	—	—	—	—	—	—	—	—	—	—	2
Schizothrix....	1	—	—	1	—	—	—	—	—	—	—	—	—	—	—	—	29
Microcoleus ...	1	—	—	—	1	—	—	—	—	—	—	—	—	—	—	—	7
Symplora......	—	—	—	1	1	—	—	—	—	—	—	—	—	—	—	—	11
Porphyrosiphon.	1	—	—	—	—	—	—	—	—	—	—	—	—	—	—	—	1
Lyngbya.......	3	—	—	1	2	—	1	—	—	—	—	—	—	—	—	—	21
Phormidium ...	1	—	—	1	—	—	—	—	—	—	—	—	—	—	—	—	29
Trichodesmium.	1	—	—	—	—	1	—	—	—	—	—	—	—	—	—	—	3
Oscillatoria	2	—	—	—	1	1	—	—	—	—	—	—	—	—	—	—	38
Arthrospira....	—	—	—	1	—	—	—	—	—	—	—	—	—	—	—	—	3
Spirulina......	—	—	—	—	1	—	—	—	—	—	—	—	—	—	—	—	9
Aphanothece...	—	—	—	—	—	2	—	—	—	—	—	—	—	—	—	—	2

Genres de la Flore Indo-Néerlandaise.	Java.	Mer de Java.	Sumbawa.	Bornéo.	Nouvelle-Guinée.	Sumatra.	Celebes.	Détroit de Macassar.	Moluques.	Timor.	Bali.	Florès.	Mer et Iles Soulou.	Mer de Banda.	Détroit de la Sonde.	Mer d'Harafoera.	Nombre total des espèces commes du genre.
Gloeocapsa	1			1													50
Chamaesiphon	3					2											5
Coelosphaerium	1																3
Euglena	2																15
Phacus	1																8
Coleochaete	1																8
Bulbochaete	2																50
Oedogonium	1			1		1											200
Ulva	2				1	1	1		2								20
Enteromorpha	4		1		1				1								40
Hormiscia	1					1											32
Gloetila					1												12
Uronema	1																2
Nordstedtia					1												1
Stigeoclonium	1				1	1											25
Chaetosphaeridium	1																
Chaetsphora	1																20
Herposteiron	1																3
Endoderma	1																4
Conferva				1	1				1	1							48
Microspora	1			1													18
Trentepohlia	21					6	5										31
Chroolepus									1								1
Cephaleuros	6											1					6

Genres de la Flore Indo-Néerlandaise.	Java.	Mer de Java.	Sumbawa.	Bornéo.	Nouvelle-Guinée.	Sumatra.	Celebes.	Détroit de Macassar.	Moluques.	Timor.	Bali.	Florès.	Mer et Iles Soulou.	Mer de Banda.	Détroit de la Sonde.	Mer d'Harafoera.	Nombre total des espèces communes du genre.
Phycopeltis....	3																8
Pleurothamnion.					1												1
Gongrosira.....						1											5
Chaetomorpha .	5								1								50
Phizoclonium...	1			1	1	1	1										29
Cladophora.....	4				2	1				1							229
Siphonocladus..	2																9
Spongocladia...					2												5
Microdictyon...									1			1					5
Struvea.......					1							1					6
Anadyomene...				1	3		1										7
Dictyosphaeria..					1												4
Valonia.......					3				1								22
Pitophora......	1					1											10
Vaucheria	1						1										25
Neomeris......					2												5
Bornetella					2							1					2
Cymopolia.....												1					2
Chlorodesmis...				1													2
Bryopsis......	1																34
Caulerpa	2			1	4				6	4							80
Codium	1																18
Penicillus......									1								10
Rhipidosiphon..	1																1
Halimeda......	1					2	1		2	1							21

Genres de la Flore Indo-Néerlandaise.	Java.	Mer de Java.	Sumbawa.	Bornéo.	Nouvelle-Guinée.	Sumatra.	Celebes.	Détroit de Macassar.	Moluques.	Timor.	Bali.	Florès.	Mer et Iles Soulou.	Mer de Banda.	Détroit de la Sonde.	Mer d'Harafoera.	Nombre total des espèces communes du genre.
Phytophysa	1																1
Pandorina	1																2
Gonium	1																3
Hydrodictyon	1																1
Scenedesmus	3																10
Coelastrum						2											8
Pediastrum	2					1											20
Raphidium	1																4
Ophiocytium	1					2											5
Tetraedron	1					1											26
Characium	1																36
Tetrasporidium	1																1
Tetraspora			1	1													14
Pleurococcus	1																14
Stichococcus					1												3
Gloeocystis						1											12
Chara	1			1	1		1			2	1						150
Nitella	4		1	2			1		1	1							70
Mongeotia	1					1											18
Mesocarpus	1																32
Zygnema	2			1													40
Spirogyra	4		1	2			1		1	1							90
Desmidium	3					1											13
Hyalotheca	2																6
Spaerozosma	3																18

Genres de la Flore Indo-Néerlandaise.	Java.	Mer de Java.	Sumbawa.	Bornéo.	Nouvelle-Guinée.	Sumatra.	Celebes.	Détroit de Macassar.	Moluques.	Timor.	Bali.	Florès.	Mer et Iles Soulou.	Mer de Banda.	Détroit de la Sonde.	Mer d'Harafoera.	Nombre total des espèces communes du genre.
Onychonema	1																7
Bambusina	1																5
Gymnozyga	1																5
Gonatyzogon	1					1											8
Mesotaenium	1																12
Cylindrocystis	1																5
Closterium	8					8											125
Penium	3																40
Triploceras	1																4
Docidium	5					2											25
Disphinetium						2											40
Pleurotaenium	5					3											30
Pleurotaeniopsis	4																25
Xanthidium	2																35
Cosmarium	14					18											315
Arthrodesmus	1																35
Euastrum	8					5											110
Micrasterias	5					2											60
Staurastrum	7																275
Navicula	101		22	25	2	88	11	18	4				6				850
Dictyoneis	2				1	1		1									20
Rhoiconeis				1													12
Libellus	1					1		1									10
Stauroneis	3			2		3										1	110
Pleurostauron	1																12

Genres de la Flore Indo-Neérlandaise.	Java.	Mer de Java.	Sumbawa.	Bornéo.	Nouvelle Guinée.	Sumatra.	Celebes.	Détroit de Macassar.	Moluques.	Timor.	Bali.	Florès.	Mer et Iles Soulou.	Mer de Banda.	Détroit de la Sonde.	Mer d'Harafoera.	Nombre total des espèces commes du genre.
Amphipleura...	—	—	—	—	—	1	—	—	—	—	—	—	—	—	—	—	10
Okedenia......	—	—	—	—	—	1	—	—	—	—	—	—	—	—	—	—	4
Pleurosigma....	36	1	—	10	—	29	—	2	1	1	—	—	—	—	—	1	110
Scoliopleura....	2	—	—	—	—	2	—	—	—	—	—	—	—	—	—	—	25
Alloioneis......	1	—	—	—	—	1	—	—	—	—	—	—	—	—	—	—	7
Rhoicosigma ...	4	—	—	—	—	2	—	—	—	—	—	—	—	—	—	—	15
Toxonidea.....	—	—	—	—	—	—	1	—	—	—	—	—	—	—	—	—	20
Donkinia......	—	—	—	1	—	4	1	—	—	—	—	—	—	—	—	—	10
Frustulia......	2	—	—	1	—	1	—	—	—	—	—	—	—	—	—	—	15
Schizonema....	—	—	—	—	—	1	—	—	—	—	—	—	—	—	—	—	40
Berkeleya......	—	—	—	—	—	1	—	—	—	—	—	—	—	—	—	—	20
Dickieia.......	—	—	—	—	—	1	—	—	—	—	—	—	—	—	—	—	3
Brebissonia	—	—	—	—	—	1	—	—	—	—	—	—	—	—	—	—	2
Mastogloia.....	20	1	3	13	—	9	1	4	—	—	—	—	—	—	—	—	53
Stigmaphora ...	1	—	—	—	—	—	—	—	—	—	—	—	—	—	—	—	3
Amphiprora....	7	2	3	1	1	7	—	4	—	—	—	—	—	—	—	—	70
Plagiotropis....	—	—	—	—	—	1	—	—	—	—	—	—	—	—	—	—	10
Auricula.......	1	—	—	—	—	1	—	—	—	—	—	—	—	—	—	—	6
Cymbella......	7	—	—	—	—	—	—	—	—	—	—	—	—	—	—	—	102
Encyonema	3	—	—	—	—	3	—	—	—	—	—	—	—	—	—	—	12
Amphora......	33	1	9	15	—	40	6	40	—	—	—	—	—	—	—	—	225
Gomphonema...	7	—	—	—	—	6	1	—	—	—	—	—	—	—	—	—	66
Cocconeis	7	—	—	—	—	6	2	—	1	—	—	—	—	—	—	—	110
Orthoneis......	4	—	1	2	—	2	—	—	—	—	—	—	—	—	—	—	10
Achnanthes	9	—	—	1	2	8	1	—	1	—	—	—	—	—	—	—	70

Genres de la Flore Indo-Néerlandaise.	Java.	Mer de Java.	Sumbawa.	Bornéo.	Nouvelle-Guinée.	Sumatra.	Celebes.	Détroit de Macassar.	Moluques.	Timor.	Bali.	Florès.	Mer et Iles Soulou.	Mer de Banda.	Détroit de la Sonde.	Mer d'Harafoera.	Nombre total des espèces communes du genre.
Bacillaria	—	1	—	—	—	1	—	—	—	—	—	—	—	1	—	1	5
Nitzschia	24	1	—	11	—	22	2	—	—	—	—	—	—	—	—	1	190
Homoecladia	1	—	—	—	—	—	—	—	—	—	—	—	—	—	—	—	12
Denticula	2	—	—	—	—	3	—	—	—	—	—	—	—	—	—	—	12
Hantzschia	1	—	—	2	—	1	—	—	—	—	—	—	—	—	—	—	10
Suriraya	16	—	8	1	—	6	2	—	—	—	—	—	—	—	—	—	200
Podocystis	1	—	—	—	—	1	—	—	—	—	—	—	—	—	—	—	2
Plagiodiscus	1	—	—	—	—	1	—	—	—	—	—	—	—	—	—	—	2
Campylodiscus	22	1	10	1	—	17	14	—	1	—	—	—	1	1	—	—	115
Diatoma	3	—	—	—	—	2	—	—	—	1	—	—	—	—	—	—	7
Odontidium	2	—	—	—	—	—	—	—	—	—	—	—	—	—	—	—	12
Trachysphenia	—	—	—	1	—	—	—	—	—	—	—	—	—	—	—	—	1
Sceptroneis	2	—	—	—	—	1	—	—	—	—	—	—	—	—	—	—	12
Opephora	—	—	—	2	—	—	—	—	—	—	—	—	—	—	—	—	4
Synedra	4	—	—	1	—	5	—	—	—	1	—	—	—	—	—	—	85
Pseudo-Synedra	1	—	—	—	—	1	—	—	—	—	—	—	—	—	—	—	1
Thalassiothrix	1	1	—	—	—	1	—	—	—	—	—	—	—	—	—	—	6
Ardissonia	2	—	—	—	1	4	—	—	1	—	—	—	—	—	—	—	11
Toxarium	—	—	—	—	—	4	—	—	1	—	—	—	—	—	—	—	5
Asterionella	—	—	—	—	—	2	—	—	—	—	—	—	—	—	—	—	10
Desmogonium	—	—	—	—	—	1	—	—	—	—	—	—	—	—	—	—	3
Rhabdosira	—	—	—	1	—	—	—	—	—	—	—	—	—	—	—	—	1
Fragilaria	2	—	—	—	—	1	1	—	—	—	—	—	—	—	—	—	90
Campylosira	—	—	—	—	—	—	1	—	—	—	—	—	—	—	—	—	2
Rhaphoneis	—	—	—	5	—	—	3	—	—	—	—	—	—	—	—	—	65

Genres de la Flore Indo-Néerlandaise.	Java.	Mer de Java.	Sumbawa.	Bornéo.	Nouvelle Guinée.	Sumatra.	Celebes.	Détroit de Macassar.	Moluques.	Timor.	Bali.	Florès.	Mer et Iles Soulou.	Mer de Banda.	Détroit de la Sonde.	Mer d'Harafoera.	Nombre total des espèces communes du genre.
Dimerogramma.	—				—	3	—										27
Glyphodesmus..	—			—	—	1	1	1	—								10
Omphalopsis …	—	—		—		—	1										1
Plagiogramma..	1	—	4	9	—	5	7	1	—								48
Diadesmis …..	—			—	—	1	—										7
Licmophora….	1	—		—	—	8											30
Climacosphenia .	1	—		—	1	3	—	—	1								4
Grammatophora	2	—		2	—	7	—	—	5						1	—	36
Climaconeis….	1	—		—	—	1	—										2
Rhabdonema …	1	—		—	1	3	—	—	1								14
Climacosira ….	1	—		—	1	1	—										1
Striatella……	—			—	—	1											14
Landeria ……	1	1	—	—	—	—									—	1	7
Gephyria ……	—			—	—	2									—		6
Cystopleura….	9	—		—	—	6											26
Eunotia …….	3	—	—	4	—	7											100
Pseudo-Eunotia .	1	—		—	—	2	—	—								—	10
Guinardia……	—			—	—	—										1	2
Rhizosolenia….	4	4	—	—	—	—									—	2	45
Isthmiella……	2			—	—	1	—										6
Hemiaulus…..	2			—	—	—											66
Odontella……	5	—		—	1	6	1	—									34
Biddulphia …..	2	—		—	2	4	—	—	1						1	—	45
Denticella……	4	2	—	—	—	3	—										22
Zygoceros……	1	—		—	—	1	—									—	15

Genres de la Flore Indo-Néerlandaise.	Java.	Mer de Java.	Sumbawa.	Bornéo.	Nouvelle-Guinée.	Sumatra.	Celebes	Détroit de Macassar.	Moluques.	Timor.	Bali.	Florès.	Mer et Iles Soulou.	Mer de Banda.	Détroit de la Sonde.	Mer d'Harafoera.	Nombre total des espèces communes du genre.
Anaulus	—	—	—	1	—	2	—	—	—	—	—	—	—	—	—	—	8
Hydrosera	2	—	—	—	—	1	—	—	—	—	—	—	—	—	—	—	3
Amphitetras	3	—	—	—	—	3	—	—	—	—	—	1	—	—	—	1	54
Triceratium	9	2	—	1	—	11	5	—	—	—	—	—	—	—	—	1	330
Eucampia	1	1	—	—	—	—	—	—	—	—	—	—	—	—	—	—	5
Moelleria	1	—	—	—	—	—	—	—	—	—	—	—	—	—	—	—	2
Chaetoceros	17	7	—	—	—	1	—	—	—	—	—	—	—	3	—	2	75
Syringidium	2	—	—	—	—	—	—	—	—	—	—	—	—	—	—	—	10
Corethron	1	—	—	—	—	—	—	—	—	—	—	—	—	—	—	—	5
Ditylium	1	1	—	—	—	—	—	—	—	—	—	—	—	—	—	—	3
Rutilaria	—	—	—	—	—	—	—	1	—	—	—	—	—	—	—	—	15
Auliscus	4	—	—	1	—	4	—	1	—	—	—	—	—	—	1	—	105
Pseudo-Auliscus	—	—	—	—	1	—	—	—	—	—	—	—	—	—	—	—	26
Cerataulus	3	—	—	1	—	—	1	—	—	—	—	—	—	—	—	—	25
Aulacodiscus	4	—	—	—	—	4	2	—	—	—	—	—	—	—	—	—	120
Lampriscus	—	—	—	—	—	1	—	—	—	—	—	—	—	—	—	—	5
Stephanopyxis	4	—	—	—	—	2	—	—	—	—	—	—	—	1	—	2	35
Sceletonema	1	1	—	—	—	—	—	—	—	—	—	—	—	—	—	—	10
Thalassiosira	1	—	—	—	—	—	—	—	—	—	—	—	—	—	—	—	2
Actinocyclus	2	1	—	—	—	2	3	—	—	—	—	—	—	—	—	1	75
Endyctia	—	—	—	—	—	—	1	—	—	—	—	—	—	—	—	—	7
Coscinodiscus	25	5	—	5	—	16	9	1	1	—	—	1	—	3	—	7	370
Arachnoidiscus	—	—	—	—	—	—	—	—	1	—	—	—	—	—	—	—	8
Stictodiscus	—	—	—	—	—	—	—	—	—	—	—	—	—	—	1	—	51
Euodia	3	—	—	—	—	—	—	—	—	—	—	—	—	—	—	—	17

Genres de la Flore Indo-Néerlandaise.	Java.	Mer de Java.	Sumbawa.	Bornéo.	Nouvelle-Guinée.	Sumatra.	Celebes.	Détroit de Macassar.	Moluques.	Timor.	Bali.	Florès.	Mer et Iles Soulou.	Mer de Banda.	Détroit de la Sonde.	Mer d'Harafoera.	Nombre total des espèces communes du genre.
Gallionella						1											3
Melosira	3			2		2	1			2							50
Paralia						1	1										6
Cyclotella	2					3											60
Podosira	2					5											22
Hyalodiscus	3					1											12
Actinoptychus	5					3	2										110
Schuettia	1					1											5
Asterolampra	1	1		1		1											36
Asteromphalus	2	4				1											40
Spermatogonia	1																1
Sargassum	11			2	6	12	9	1	6	11		6	1		6		200
Turbinaria	5				3	2	4		1			1			1		10
Marginaria	1																3
Cystophyllum														1			12
Cystoseria										1							25
Dictyota	1			3	2	1			2	1		1					48
Padnia	1			1	2				2	1							9
Zonaria					2												10
Haliseris				1													17
Ralfsia									1								9
Asperococcus				1													8
Hydroclathrus	1			1	1					1							1
Colpomenia	1																1
Sphacelaria				1	2	2				1				2			24

Genres de la Flore Indo-Néerlandaise.	Java.	Mer de Java.	Sumbawa.	Bornéo.	Nouvelle-Guinée.	Sumatra.	Celebes.	Détroit de Macassar.	Moluques.	Timor.	Bali.	Florès.	Mer et Iles Soulou.	Mer de Banda.	Détroit de la Sonde.	Mer d'Harafoera.	Nombre total des espèces communes du genre.
Stypocanlon	1				1												3
Ectocarpus	1				2				1								90
Streblonema					1												22
Entodesmus					1												1
Thorea	1			1													6
Batrachospermum			1	2		1											36
Chantransia					3												22
Galaxaura					2		1		4	3							21
Caulacanthus				1	1				1								4
Gelidium	4				2	1			1	2							26
Porphyroglossum	1																1
Gigartina	1																65
Catenella				1					1								5
Eucheuma	1		1		2	1	1		1								17
Sphaerococcus	1					1			1								62
Ceratodictyon					1												1
Gracilaria	1			2		1			1	1							50
Corallopsis						1											2
Hypnea	6					2	1		1	2		1					21
Rhodymenia	2								1								15
Sebdenia					1												5
Lomentaria								1	1								20
Plocamium										1							20

Genres de la Flore Indo-Néerlandaise.	Java.	Mer de Java.	Sumbawa.	Bornéo.	Nouvelle-Guinée.	Sumatra.	Celebes.	Détroit de Macassar.	Moluques.	Timor.	Bali.	Florès.	Mer et Iles Soulou.	Mer de Banda.	Détroit de la Sonde.	Mer d'Harafoera.	Nombre total des espèces communes du genre.
Martensia					1												1
Delesseria				2													4
Taenioma									1								2
Zellera									1								1
Bostrychia				2	2				1								9
Laurencia	3			4	2	2			1	1					1		45
Amansia					1												5
Acanthophora	1			1	1	1	1			1							5
Chondria					1												5
Polysiphonia	5				2				2	1							250
Endosiphonia					1												1
Polyzonia					1												3
Griffithsia									1								20
Spiridia						1	1										22
Ceramium	1								2								20
Gloiopeltis									1								6
Halymenia					1				2			1					20
Grateloupia	1																16
Mastocarpus	1					1			1	1							14
Peyssonellia	1				1												7
Melobesia				1	1	1											8
Lithophyllum					1												10
Lithothammion									1								15
Amphiroa	2				1	2			2	1							30
Corallina					1												38

Genres de la Flore Indo-Néerlandaise.	Java.	Mer de Java.	Sumbawa.	Bornéo.	Nouvelle-Guinée.	Sumatra.	Celebes.	Détroit de Macassar.	Moluques.	Timor.	Bali.	Florès.	Mer et Iles Soulou.	Mer de Banda.	Détroit de la Sonde.	Mer d'Harafoera.	Nombre total des espèces communes du genre.
Acrocystis	—	—	—	1	—	—	—	—	—	—	—	—	—	—	—	—	1
Hildenbrandtia	—	—	—	—	—	1	—	—	1	—	—	—	—	—	—	—	4
Goniotrichum	—	—	—	—	2	—	—	—	—	1	—	—	—	—	—	—	5
Totaux	758	39	66	178	110	515	111	79	82	52	1	17	7	16	7	22	

ERRATA.

p. 9 l. 30 au lieu de Cephaleoros : Cephaleuros.
p. 13 l. 4   Ophyocytium : Ophiocytium.
p. 14 l. 1   Mesocarpos : Mesocarpus.
        l. 29   D. Boneri : D. Boreri.
p. 19 l. 1   C. liretum : C. biretum.
p. 20 l. 27   S. altermans : S. alternans.
p. 21 l. 9   genunatula : gemmatula.
        l. 25   Pennularia : Pinnularia.
        l. 32   hillata : bullata.
p. 23 l. 26   Pennularia : Pinnularia.
p. 24 l. 20   amphisbaenia : amphisbaena.
        l. 32   Pennularia : Pinnularia.
p. 31 l. 13   Galoneis : Caloneis.
p. 33 l. 22   N. irridis : N. viridis.
p. 44 l. 8   Fusidium : Tusidium.

TABLE ALPHABÉTIQUE DES GENRES ET DES SYNONYMES (¹).

(¹) Les noms des espèces admises ne sont pas relevés dans cette table, puisque les espèces sont classées alphabétiquement dans chaque genre.